中国甘薯生产指南系列丛书

ZHONGGUO GANSHU SHENGCHAN
ZHINAN XILIE CONGSHU

甘薯
基础知识手册

全国农业技术推广服务中心
国家甘薯产业技术研发中心 主编

中国农业出版社
北 京

图书在版编目（CIP）数据

甘薯基础知识手册/全国农业技术推广服务中心，国家甘薯产业技术研发中心主编．—北京：中国农业出版社，2021.9

（中国甘薯生产指南系列丛书）

ISBN 978-7-109-28368-8

Ⅰ.①甘… Ⅱ.①全… ②国… Ⅲ.①甘薯-栽培技术-手册 Ⅳ.①S531-62

中国版本图书馆CIP数据核字（2021）第113203号

中国农业出版社出版

地址：北京市朝阳区麦子店街18号楼

邮编：100125

责任编辑：丁瑞华 黄 宇

版式设计：王 晨 责任校对：吴丽婷 责任印制：王 宏

印刷：北京中科印刷有限公司

版次：2021年9月第1版

印次：2021年9月北京第1次印刷

发行：新华书店北京发行所

开本：880mm×1230mm 1/32

印张：3.25

字数：100千字

定价：35.00元

中国甘薯生产指南系列丛书

编 委 会

主　编：马代夫　鄂文弟

副主编：刘庆昌　张立明　张振臣　赵　海　李　强

　　　　贺　娟　万克江

编　者（按姓氏笔画排序）：

万克江	马　娟	马代夫	马居奎	马梦梅
王　欣	王云鹏	王公仆	王叶萌	王亚楠
王庆美	王连军	王洪云	王容燕	木泰华
方　扬	尹秀波	冯宇鹏	朱　红	乔　奇
后　猛	刘　庆	刘中华	刘亚菊	刘庆昌
汤　松	孙　健	孙红男	孙厚俊	孙健英
苏文瑾	杜志勇	李　欢	李　晴	李　强
李秀花	李育明	李宗芸	李洪民	李爱贤
杨冬静	杨虎清	吴　腾	邱思鑫	汪宝卿
张　苗	张　鸿	张　辉	张　毅	张力科
张文婷	张文毅	张立明	张永春	张成玲
张振臣	张海燕	陆国权	陈　雪	陈井旺
陈书龙	陈彦杞	陈晓光	易卓林	岳瑞雪
周全卢	周志林	庞林江	房伯平	赵　海

胡良龙	钮福祥	段文学	侯夫云	贺　娟
秦艳红	柴莎莎	徐　飞	徐　聪	高　波
高闯飞	唐　君	唐忠厚	黄振霖	曹清河
崔阔澍	梁　健	董婷婷	傅玉凡	谢逸萍
靳艳玲	雷　剑	解备涛	谭文芳	翟　红

甘薯基础知识手册

编 委 会

主　编：刘庆昌　唐　君　贺　娟　马代夫

副主编：李宗芸　张永春　傅玉凡　汤　松　陈　雪

编　者（按姓氏笔画排序）：

马代夫　王　欣　刘庆昌　汤　松　孙健英

李　晴　李宗芸　张　辉　张永春　陈　雪

周志林　贺　娟　徐　聪　高闰飞　唐　君

黄振霖　傅玉凡　翟　红

提供图片和资料人员（按姓氏笔画排序）：

马代夫　王文克　木泰华　孔宪奎　苏　雨

李　明　李育明　张　辉　张永春　张露月

张　棚　陈彦杞　赵冬兰　钟建洪　韩荣鹏

傅玉凡

前　言

　　我国是世界最大的甘薯生产国，常年种植面积约占全球的30%，总产量约占全球的60%，均居世界首位。甘薯具有超高产特性和广泛适应性，是国家粮食安全的重要组成部分。甘薯富含多种活性成分，营养全面均衡，是世界卫生组织推荐的健康食品，种植效益突出，是发展特色产业、助力乡村振兴的优势作物。全国种植业结构调整规划（2016—2020年）指出：薯类作物要扩大面积、优化结构，加工转化、提质增效；适当调减"镰刀弯"地区（包括东北冷凉区、北方农牧交错区、西北风沙干旱区、太行山沿线区及西南石漠化区，在地形版图中呈现由东北—华北—西南—西北镰刀弯状分布，是玉米种植结构调整的重点地区）玉米种植面积，改种耐旱耐瘠薄的薯类作物等；按照"营养指导消费、消费引导生产"的要求，发掘薯类营养健康、药食同源的多功能性，实现加工转化增值，带动农民增产增收。

　　近年甘薯产业发展较快，在农业产业结构调整和供给侧改革中越来越受重视，许多地方政府将甘薯列入产业扶贫项目。但受多年来各地对甘薯生产重视程度不高等影响，甘薯从业者对于产业发展情况的了解、先进技术的掌握还不够全面，对于甘薯储藏加工和粮经饲多元应用的手段还不够熟悉。

为加强引导甘薯适度规模种植和提质增效生产，促进产业化水平全面提升，全国农业技术推广服务中心联合国家甘薯产业技术研发中心编写了"中国甘薯生产指南系列丛书"（以下简称"丛书"）。本套"丛书"共包括《甘薯基础知识手册》《甘薯品种与良种繁育手册》《甘薯绿色轻简化栽培技术手册》《甘薯主要病虫害防治手册》和《甘薯储藏与加工技术手册》5个分册，旨在全面解读甘薯产前、产中、产后全产业链开发的关键点，是指导甘薯全产业生产的一套实用手册。

"丛书"撰写力求体现以下特点。

一是2019年中央1号文件指出大力发展紧缺和绿色优质农产品生产，推进农业由增产导向转向提质导向。"丛书"着力深化绿色理念，更加强调适度规模科学发展和绿色轻简化技术解决方案，加强机械及有关农资的罗列参考，力求促进绿色高效产出。

二是针对我国甘薯种植分布范围广、生态类型复杂等特点，"丛书"组织有关农业技术人员、产业体系专家和技术骨干等，在深入调研的基础上，分区域提出技术模式参考、病虫害防控要点等。尤其针对现阶段生产中的突出问题，提出加强储藏保鲜技术和防灾减灾应急技术等有关建议。

三是配合甘薯粮经饲多元应用的特点，"丛书"较为全面地阐释甘薯种质资源在鲜食、加工、菜用、观赏园艺等方面的特性以及现阶段有关产品发展情况和生产技术要点等，旨在多角度介绍甘薯，促进生产从业选择，为甘薯进一步开发应用及延长产业链提供参考。

　　四是结合生产中的实际操作，给出实用的指南式关键技术、技术规程或典型案例，着眼于为读者提供可操作的知识和技能，弱化原理、推理论证以及还处于研究试验阶段的内容，不苛求甘薯理论体系的完整性与系统性，而更加注重科普性、工具性和资料性。

　　"丛书"由甘薯品种选育、生产、加工、储藏技术研发配套等方面的众多专家学者和生产管理经验丰富的农业技术推广专家编写而成，内容丰富、语言简练、图文并茂，可供各级农业管理人员、农业技术人员、广大农户和有意向参与甘薯产业生产、加工等相关从业人员学习参考。

　　本套"丛书"在编写过程中得到了全国农业技术推广服务中心、国家甘薯产业技术研发中心、农业农村部薯类专家指导组的大力支持，各省（自治区、直辖市）农业技术推广部门也提供了大量资料和意见建议，在此一并表示衷心感谢！由于甘薯相关登记药物较少，"丛书"中涉及了部分有田间应用基础的农药等，但具体使用还应在当地农业技术人员指导下进行。因"丛书"涉及内容广泛、编写时间仓促，加之水平有限，难免存在不足之处，敬请广大读者批评指正。

编　者

2020年8月

目　录

第一章

甘薯的起源与分布

甘薯 [*Ipomoea batatas* (L.) Lam.]，俗称红薯、地瓜、白薯、山芋、红苕、番薯、白芋等，属于旋花科（Convolvulaceae）、甘薯属（*Ipomoea*）、甘薯组（Section *Batatas*）的一个栽培种。甘薯是多年生双子叶草本植物，茎一般匍匐于地面，具有块根，属于喜光的短日照作物，性喜温，不耐寒。甘薯广泛分布于全世界120余个国家和地区，年种植面积达到806.3万公顷，年总产量9 194.5万吨，在世界粮食生产中甘薯总产量排第八位。我国是世界上最大的甘薯生产国，年种植面积为237.3万公顷，占世界总种植面积的29.5%；年总产量5 324.6万吨，占世界总产量的57.9%。甘薯是我国重要的粮食作物（FAO，2018）。

第一节　甘薯的起源

一、甘薯的原产地

甘薯的起源一直是研究人员关注的问题之一。1883年Alphonse de Candolle所著的《栽培植物的起源》中曾介绍了甘薯起源的假说，当时主要是根据有关甘薯或其类似植物种植的记录、旅行者的见闻或甘薯俗名的来历推测甘薯的原产地，有亚洲说、非洲说和美洲说。

亚洲说是依据李时珍所著的《本草纲目》中有关甘薯的记

载，中国很早就有甘薯栽培，越南将 *I. mammosa* 的根及茎部作为食物等，但之后多数研究者对其进行植物学研究，表明其所记载的植物并不是甘薯。非洲说只是依据传教士、旅行者传说非洲有甘薯栽培，据考证所谓在非洲栽培的"甘薯"，实质上是 *I. paniculata* 或 *I. pandurata*，是完全不同于甘薯的物种。

目前，根据考古学、语言学和历史学的研究结果，人们公认美洲说。众多的考古学证据和语言年代学的研究认为，大约在公元前5000年，在热带美洲的某地，一般认为秘鲁、厄瓜多尔、墨西哥一带（位于墨西哥尤卡坦半岛和奥里诺科河之间），开始出现栽培种甘薯。植物学研究也表明甘薯的大多数近缘植物自生于热带美洲，在该地区驯化出许多栽培品种。利用现在的分子标记方法也表明中美洲是甘薯种质资源主要的多样性中心，很可能也是甘薯的起源中心。

二、甘薯的祖先

（一）甘薯的原始种

有关栽培种甘薯是由哪个原始物种进化而来以及如何进化这个问题，自20世纪以来就有许多学者进行研究，至今还没有明确的定论。

早期根据植物形态学和分类学等的研究，研究人员认为同甘薯最近似的野生植物就是甘薯的原始种（表1）。但是，由于这些植物完全不可能同甘薯杂交，因此，它们作为甘薯的原始种可能性不大。为了寻找甘薯的原始种，20世纪50年代至少进行过三次原种探索，即 Miller 和 Correll 的加勒比海诸岛探索、Yen 的泛太平洋地区的甘薯收集和日本学者西山的墨西哥国内采集 *Ipomoea* 之行，这些探索未发现二倍体或者四倍体甘薯的存在。

表1　从植物形态上推测的甘薯的原始种和原产地（陆漱韵等，1998）

研究者	植物	理由	原产地
White（1907）	*I. fastigiata*	形态上相似	美洲
House（1908）	*I. tiliacea*	形态上相似	中南美大陆
Tioutine（1935）	*I. fastigiata*	结薯*、形态上相似	热带美洲

＊注：虽然结薯，但其实生苗不结薯。当时研究人员认为*I. fastigiata*是*I. tiliacea*或者*I. gracilis*的同义词。

日本学者曾从墨西哥采集到六倍体的野生植物（K123），Nishiyama（1961）将该植物定名为*I. trifida*（H.B.K.）Don，并获得广泛认可。1960年，小林由墨西哥引入了二倍体野生种K221，并认为K221可同甘薯间接杂交。同时报道K221能同甘薯品种直接杂交，并获得杂种。植物学家长期将K221定名为*I. leucantha* Jacq，但从分类学上看定名为*I. trifida*（H.B.K.）Don.比较合适。从各种间的杂交实验、染色体组分析以及遗传多样性分析结果看，认为该种可能是甘薯的祖先种。Wu等（2018）通过比较二倍体近缘野生种*I. trifida*和*I. triloba*以及六倍体甘薯栽培种Tanzania的基因组序列分析，认为*I. trifida*与甘薯栽培种的关系较近。

（二）甘薯的进化

关于栽培种甘薯的形成途径推测主要有以下三种途径（图1）：

途径一：二倍体、四倍体、六倍体都是野生种，二倍体野生种自然加倍形成四倍体野生种，四倍体和二倍体杂交形成三倍体，再由三倍体加倍形成原始的六倍体野生种，经过一系列基因突变等被驯化为栽培种甘薯。此途径的特征是六倍体中存在野生型和栽培型（甘薯）。

途径二：二倍体和四倍体为野生型，在一定条件下形成了六倍体即一跃成为栽培型。

途径三：二倍体野生型发生突变导致其出现栽培型化现

象，进而发生染色体加倍，形成栽培型的四倍体及六倍体。由于六倍体的经济价值最高，所以作为今天的甘薯被一直栽培下来了。

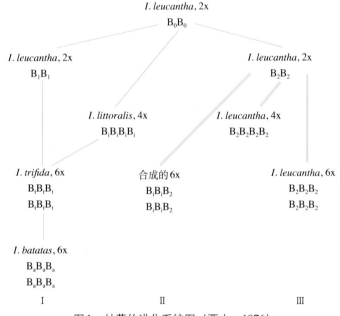

图1　甘薯的进化系统图（西山，1976）

—— 人为染色体加倍；

—— 系统发生过程中基因分化和染色体微小变化，在B染色体组记号处附加各种符号以表示这种微小变易的存在

Ⅰ、Ⅱ、Ⅲ分别表示形成栽培甘薯（6x）的三种途径

前面所述，西山从墨西哥采集到六倍体的野生植物（K123），后来又发现了二倍体和四倍体祖先种，这些结果贯通了途径一的推测，而途径二和途径三还没有令人信服的证据。20世纪50年代的三次原种探索中未发现二倍体或者四倍体甘薯的存在。

日本学者调查了品种间或种间杂种染色体配对情况，发现六倍体种，如自然的甘薯和*I. trifida*（6x），人工合成的六倍体种[由*I. leucantha*和*I. littoralis*合成的六倍体种或由*I. trifida*（3x）

合成的六倍体种]，都表现几乎正常的染色体配对（约形成45个二价体），推测这些植物是由完全相同的染色体组（设为B）组成。他在这些分析的基础上，绘制了甘薯的系统发生图，见图1。总之，人们认为 *I. trifida*（6x）是甘薯的直接原始种，而 *I. leucantha* 和 *I. littoralis* 则是甘薯的两个祖先种（基本种）。*I. leucantha*（2x）和 *I. littoralis*（4x）合成的六倍体在形态、有性生殖和染色体构成等方面都与 *I. trifida*（6x）很相似，如同一种，目前人们认为它们分别是 *I. trifida* 复合种的二倍体种和四倍体种，分别定名为 *I. trifida*（2x）和 *I. trifida*（4x）更确切。*I. trifida*（6x）、*I. littoralis*（4x）和 *I. trifida*（2x）分别叫做三浅裂野牵牛、海滨野牵牛和白花野牵牛。

对于甘薯的进化问题，如上所述，日本学者认为甘薯的祖先种野生种 *I. trifida*（6x）是同源六倍体。*I. trifida* 是包括二倍体、四倍体和六倍体等的复合种，广泛分布于热带美洲，在与甘薯杂交时显示了杂交亲和性。另外，由于不同品种甘薯杂交可分离出与六倍体野生种形态学上相似的类型，不少学者推测甘薯是 *I. trifida* 复合种的一个成员或者是派生出来的某个种。美国学者则有不同的看法，他们认为栽培种甘薯是异源六倍体，*I. trifida*（2x）与 *I. triloba*（2x）是甘薯最近缘的两个基本种，栽培种甘薯是源于这两个近缘种基因组的异源多倍化，不少学者采用多种二倍体和四倍体的野生种作为父本，与甘薯进行杂交均未成功。

第二节　甘薯的传播和分布

一、甘薯的传播

（一）世界甘薯的传播

甘薯何时、从何处以及如何分布世界各地的一直是研究人员广泛辩论的主题。考古学、历史学和语言学等的证据显示，波利尼西亚的史前考古遗址中发现了甘薯的存在，研究人员认为这是波利尼西亚和美洲之间史前接触的直接证据。此外，波利尼西亚语中甘薯的词汇（"kumala"及其衍生物）与这种植物（"kumara""cumar"或"cumal"）在中南美洲西北部克丘亚语使用者的词汇相似，支持了人类将甘薯从南美洲引入波利尼西亚的假说。一般认为墨西哥尤卡坦半岛和委内瑞拉奥里诺科河河口之间开始出现栽培甘薯，并由哥伦布于1492年第一次远洋后将其引入西欧，16世纪初又由葡萄牙探险家引入非洲、东南亚及印度东部等地，随后被西班牙的水手带至菲律宾的马尼拉和摩鹿加岛，再传至亚洲各地。

Barrau（1957）首先提出了甘薯引入太平洋岛屿的三条可能途径；Yen（1974）通过对甘薯地方变异性的比较研究，对此做了修改；Green（2005）和Clarke（2009）又进行了进一步的校订和评价。Roullier等（2013）用叶绿体标记和微卫星标记方法分析了热带美洲、大洋洲和东南亚的现代甘薯材料和标本，研究结果为甘薯从南美洲（秘鲁－厄瓜多尔地区）到波利尼西亚的史前转移提供了强有力的支持，进一步从遗传证据方面支持三方假说。现将三条路线简述如下：

1. "Kumara"路线（史前的迁移）　秘鲁、厄瓜多尔、哥伦比亚→波利尼西亚、Society群岛、夏威夷→Cook群岛→西萨摩亚群岛、汤加→新西兰。

"Kumara"路线认为，甘薯从南美洲到太平洋的传播可能是在公元1000—1100年，波利尼西亚航海家从南美洲西海岸某处采集甘薯，将其引进，然后在波利尼西亚迅速传播，如在人口稠密的岛屿，如夏威夷、复活节岛和东波利尼西亚的其他一些岛屿。在公元1150—1250年，波利尼西亚人通过移民将甘薯引进新西兰。此外，早期历史记载表明，波利尼西亚人携带的甘薯有可能向西传播到汤加、萨摩亚和美拉尼西亚东部。

2. "Kamote"路线　墨西哥→密克罗尼西亚→菲律宾群岛→中国→日本。

"Kamote"又读作Camote。"Kamote"路线认为，甘薯从南美洲、北美洲、再传到亚洲，可能是西班牙探险家通过跨越太平洋将甘薯以薯块的形式在阿卡普尔科和马尼拉之间进行传播，先从南美洲到西班牙、比利时、英国、法国和荷兰，然后到达温暖的非洲沿海。西班牙探险家征服墨西哥后不久，将甘薯从墨西哥带到菲律宾。葡萄牙人从菲律宾将甘薯引进马来西亚，再由中国福建水手将甘薯薯块从菲律宾吕宋岛带到中国福建，然后从福建传播到日本。甘薯传入北美洲可能是探险家和商人通过陆路从墨西哥传到美国西部，或者通过海上从印度传到美国东海岸的殖民地。

3."Batata"路线　加勒比海群岛→欧洲→非洲→印度→印度尼西亚→新几内亚→美拉尼西亚（新不列颠岛、所罗门群岛、新赫布里底群岛、新苏格兰、斐济群岛）→菲律宾群岛→中国→日本。

"Batata"路线认为，甘薯从南美洲经非洲再到亚洲的传播可能是15—16世纪后期葡萄牙商人通过船运将生长在欧洲的甘薯栽培种引种到非洲、印度、东印度群岛和亚洲。

（二）中国甘薯的引入与传播

关于甘薯传入我国的具体情况一直有多种说法，时间、来源地和传入地都不尽相同。根据我国古籍记载，甘薯于明代万历年间（16世纪末）传入我国。传入的途径大体可分海陆两条道路。

陆路主要由印度、缅甸、越南传入云南和广东。何炳棣（1979）认为云南与缅甸等国比邻，明代滇缅之间存在着一条物质、文化不断交流的通衢大道，东起昆明，中经大理、下关，西越保山、腾越而达缅甸。其地方志又有关于甘薯的最早记载。极有可能是从缅甸引种甘薯。最早关于甘薯引入的记录是明嘉靖四十一年（1563年）《嘉靖大理府志》，其中有"紫蓣、白蓣和红蓣"的记载。1979年，著名史学家何炳棣根据3 500多种地方志考证，认为此即甘薯。李元阳于万历二年（1574年）编纂的《云南通志》卷三中称姚安州、景东府、顺宁州种有"红薯"。这两部书是明确记录甘薯的最早著作，意味着甘薯是从印度、缅甸引进的。

据《东莞凤岗陈氏族谱·素讷公小传》记载，陈益从越南引种甘薯至东莞。清道光年间，《电白县志》载医生林怀兰将其引种入电白。清乾隆年间，广东吴川人医生林怀兰，曾为安南（即越南）北部守关的一位将领治好了病，这位将领将他推荐给国王，替公主治好了顽疾。一天，国王赐宴，请林怀兰吃熟甘薯，林觉其味美可口，便请求尝一尝生甘薯。后来，他将没有吃完的半截生甘薯带回国内。这块种薯在广东很快繁殖起来。后来，人们建了林公祠，并以守关将领配祀，以示纪念。

海路主要由吕宋、安南传入东南沿海的广东和福建。明万历八年（1580年），广东东莞人陈益，通过安南当地"酋长"奴仆的关系，将甘薯带回国，小心翼翼地培植，由于来自番邦，故取名为番薯。据《东莞县志》（1911年）"物产引凤岗陈氏族谱"记载："万历庚辰客由泛舟之南安者。陈益皆往。比至。酋长延礼宾馆。每宴会。辄飨以土产薯。美甘。以觊其种。购于酋奴获之。未几伺间遁归。以薯非等闲。栽种花坞。久蕃滋。掘唊念来自酋。因名番薯云。嗣是播种天南。佐粒食。人无阻饥。"

福建是我国甘薯传入的最早省份之一。大约在明代万历前期，闽县人陈振龙到吕宋经商，看到当地"被山蔓野"皆番薯，而吕宋人"珍其种不与中国"，就从当地人手中获得甘薯藤蔓，并学会了栽种的方法。回国后，他就在住宅旁空地上繁殖起来。万历二十二年（1594年）岁饥。值闽中早饥，陈振龙的儿子陈经纶上书巡抚金学曾倡议种植，收益显著，可充谷食之半，于是广为传种。当时人们称其为"金薯"，称颂金学曾推广甘薯有功。

甘薯的适应能力很强，在一般小麦、水稻难以种植的沙质土壤中都宜种。这种救荒品种很快传播到浙江、山东、河南等地，通过当地人民的努力使甘薯在北方寒冷的冬季里也能留种。地方志中记载灾荒年度靠种甘薯而度荒的事例是很多的。明代徐光启在《农政全书》中有"闽广人赖以救饥，其利甚大"之说。乾隆时期任黔江县令的翁若梅同样发出甘薯"救荒第一义也"之慨叹。清朝光绪版《江津县乡土志》记载：番薯"性同粳米，最能养人，过荒年，民无菜色"，可据此度日。

甘薯传入后，由于其优点众多，经过各界的大力推广，特别是乾隆帝在位时在全国范围内普及，甘薯得以广泛传播。

综合各种历史记载资料，甘薯传入我国栽培迄今已有400多年的历史，其传入途径可能不止一处，但于广东、福建栽培最早，而后向长江、黄河流域及台湾等地传播。也充分说明，前人在引种和推广甘薯方面做了大量工作，如明代广东的陈益、林怀兰，福建的金学曾、陈振龙及陈振龙的后代，上海的徐光启以及清代山东的李渭等人，他们在当时条件下，能够不辞劳苦，历尽艰辛，克服困难，引进甘薯并坚持试验、推广，这种精神实难能可贵，值得人们称道，为发展我国甘薯生产作出了很大贡献。

二、甘薯的分布

（一）世界甘薯的分布与生产概况

甘薯是喜温作物，不耐寒，主要分布在热带、亚热带和温带南部的地区，从赤道到北纬45°，均能栽培种植。据联合国粮食及农业组织（简称FAO）2018年统计，甘薯在世界粮食生产中总产量排第八位。世界上共有120余个国家和地区种植甘薯，主要分布在非洲、亚洲的发展中国家，其次为美洲和大洋洲，欧洲的种植面积最少。2018年，非洲甘薯种植面积为459.97万公顷，占世界种植面积的57.05%；亚洲甘薯种植面积为259.77万公顷，占世界的36.68%，其中，中国的甘薯种植面积和总产量分别占世界的29.51%和57.91%。

从种植面积上看，1961—2005年世界甘薯种植面积持续下降，由1 336.36万公顷下降到898.22万公顷，种植面积降低了

17.70%。据FAO数据显示，1961—1981年20年间，世界甘薯种植面积一直维持在1 000万公顷以上；从1978起，世界甘薯种植面积开始急剧下降，到1985年趋于平稳，由1 273.98万公顷下降到898.22万公顷；1985—2005年的20年间，世界甘薯种植面积基本稳定，平均种植面积924.95万公顷；2006年至今世界甘薯种植面积稳定在800万公顷左右，近年来非洲甘薯种植面积稳步上升，2018年世界甘薯种植面积提高到806.27万公顷。

从甘薯总产量来看，1961—1968年，世界甘薯总产量在1.0亿吨左右浮动；1969—2005年这36年间，世界甘薯总产量在1.2亿吨以上，其中，1973—1980年世界甘薯产量迅速增加，甘薯年产量平均达到1.4亿吨以上，1978年甚至高达1.5亿吨以上。2010—2018年，世界甘薯总产量维持在9 000万吨（图2）。

从甘薯平均产量来看，整个变化趋势可分为两个阶段，第一个阶段是1961—1996年，世界甘薯的平均产量一直稳定增加，从1961年的7.35吨/公顷增加到1996年的最高点15.64吨/公顷；第二个阶段是1997—2018年，世界甘薯的平均产量开始

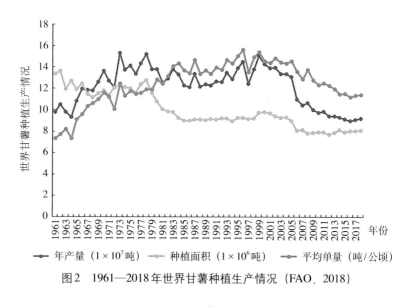

图2　1961—2018年世界甘薯种植生产情况（FAO，2018）

下降，2016年世界甘薯的平均产量下降到近年最低，为11.21吨/公顷，近两年略有回升，2018年鲜薯单产为11.40吨/公顷（图2），是由于非洲低产甘薯面积的增加。

（二）中国甘薯的分布与生产概况

中国是世界上最大的甘薯生产国，种植分布很广，南至南海诸岛，北至内蒙古，西北达陕西、陇南和新疆一带，东北经辽宁、吉林已延展到黑龙江南部，西南至藏南和云贵高原。四川盆地、黄淮海、长江流域和东南沿海各省是我国的甘薯主产区。据联合国粮食及农业组织统计，2018年种植面积为237.3万公顷，占世界总种植面积的29.5%，年总产量5 324.6万吨，占世界总产量的57.9%。甘薯单产持续上升，已经从20世纪60年代接近世界水平的7.1吨/公顷提升至22.4吨/公顷，相当于世界平均水平的1.96倍（FAO，2018）。据国家甘薯产业技术体系专家调研，许多地区将甘薯作为特色作物和扶贫优势作物，我国甘薯的种植面积稳定在400万公顷左右，2015年全国甘薯单产平均24.48吨/公顷，2019年为26.28吨/公顷。

从种植面积上看，中国甘薯种植面积呈下降趋势。从1961年的1 085.37万公顷下降到2018年的237.33万公顷，种植面积降低了近78.07%。尤其自1978年起，中国甘薯的种植面积呈逐年下降趋势（图3）。

从甘薯总产量来看，1961—1969年，中国甘薯总产量逐年增加，1969年达到1.0亿吨以上；1969—2005年这36年间，中国甘薯总产量维持在1.0亿吨以上；2006年中国甘薯总产量下降到0.81亿吨，2006—2018年，中国甘薯总产量维持在0.7亿吨左右，每年略有下降（图3）。

从甘薯平均产量来看，中国甘薯的平均产量总体呈升高趋势。1961—2005年，中国甘薯的平均产量一直稳定增加，从1961年的7.12吨/公顷增加到2005年的最高点22.18吨/公顷；2006—2018年，中国甘薯的平均产量稳定在21吨/公顷以上（图3）。

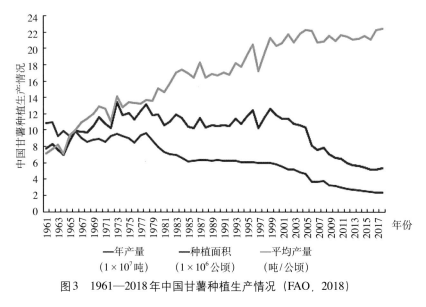

图3 1961—2018年中国甘薯种植生产情况（FAO，2018）

中国甘薯与世界的种植面积、总产量和平均产量的变化趋势基本一致，说明中国甘薯产业是世界甘薯产业最重要的组成部分。作为世界上最大的甘薯生产国，中国甘薯的种植面积、

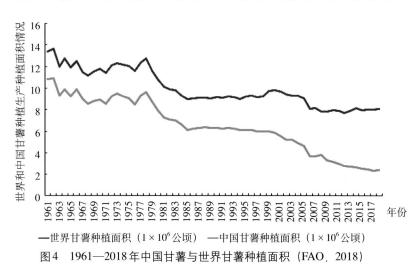

图4 1961—2018年中国甘薯与世界甘薯种植面积（FAO，2018）

总产量和平均产量对世界甘薯的种植面积、总产量和平均产量
具有十分重要的影响（图4，图5，图6）。

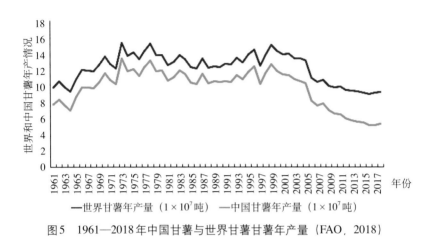

图5　1961—2018年中国甘薯与世界甘薯甘薯年产量（FAO，2018）

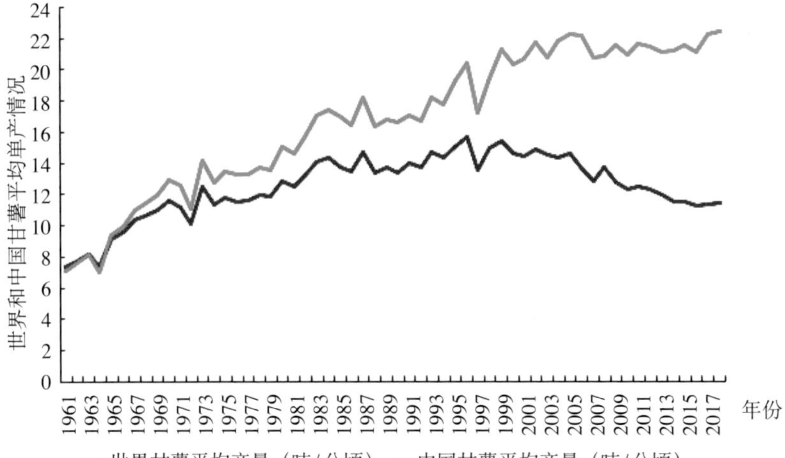

图6　1961—2018年中国甘薯与世界甘薯平均产量（FAO，2018）

（翟红　刘庆昌　等）

主要参考文献

陈树平, 1980. 玉米和番薯在中国传播情况 [J]. 中国社会科学, 3:187-204.

董玉琛, 郑殿升, 2006. 中国作物及其野生近缘植物: 粮食作物卷 [M]. 北京: 中国农业出版社.

高荫榆, 罗丽萍, 王应想, 等, 2005. 薯蓣黄酮降血糖作用研究 [J]. 食品科学 (3): 218-220.

高荫榆, 罗丽萍, 洪雪娥, 等, 2006. 甘薯叶柄藤多糖的免疫调节作用研究 [J]. 食品科学 (6): 200-202.

何炳棣, 1979. 美洲作物的引进、传播及其对中国粮食生产的影响 (二) [J]. 世界农业, 2: 21-31.

黄福铭, 2011. 明清时代番薯引进中国研究 [D]. 济南: 山东师范大学.

陆漱韵, 刘庆昌, 李惟基, 1998. 甘薯育种学 [M]. 北京: 中国农业出版社.

邵侃, 卜风贤, 2007. 明清时期粮食作物的引入和传播: 基于甘薯的考察 [J]. 安徽农业科学, 35(22): 7002 -7003, 7014.

小林仁, 1980. サツマイモの起源と分化. 1. サツマイモの原産地と品種の分化 [J]. 育種學最近の進步 22:107-113.

西山市三, 1976. 日米サツマイモ起原論争の焦点 [J]. 遺伝, 7:64-69.

Austin DF, 1988. The taxonomy, evolution and genetic diversity of sweet potatoes and related wild species [J]. Exploration, Maintenance and Utilization of Sweet Potato Genetic Resources: Report of the First Sweet Potato Planning Conference 1987 (International Potato Center, Lima, Peru), 27-59.

Barrau J, 1957. L'énigme de la patate douce en Océanie [J]. Etudes d'Outre-Mer, 40:83-87.

Clarke A, 2009. Origins and dispersal of the Sweet potato and bottle gourd in Oceania: Implications for prehistoric human mobility [D]. PhD thesis (Massey Univ, Palmerston North, New Zealand).

Food and Agriculture Organization of the United Nations, FAO, 2018. FAOSTAT agriculture date [EB/OL]. http://www.fao.org/ faostst/en.

Green R, 2005. The Sweet Potato in Oceania: A Reappraisal[M], eds Ballard C, Brown P, Bourke RM, Harwood T (Oceania Publications, Sydney), 43-62.

FAO, 2016. FAO statistics. http://www.fao.org/faostat/en/#data/QC.

Haung JC, Sun M., 2000. Genetic diversity and relationship of sweet potato and its wild relatives in *Ipomoea* series *Batatas* (Convolvulaceae) as revealed by inter-simple sequence repeat (ISSR) and restriction analysis of chloroplast DNA[J], Theor Appl Genet. 100:1050-1060.

Roullier C, Benoit L, McKey DB, etc, 2013. Historical collections reveal patterns of diffusion of sweet potato in Oceania obscured by modern plant movements and recombination[J]. Proc. Natl Acad. Sci. USA, 110: 2205-2210.

Srisuwan S, Sihachakr D, Siljak-Yakovlev S, 2006. The origin and evolution of sweet potato (*Ipomoea batatas* Lam.) and its wild relatives through the cytogenetic approaches[J]. Plant Sci, 171:424-433.

Wu S, Lau KH, Cao QH, etc, 2018. Genome sequences of two diploid wild relatives of cultivated sweet potato reveal targets for genetic improvement[J]. Nature Communications, 9:4580.

Yen DE, 1974. The Sweet Potato in Oceania[D]. An Essay in Ethnobotany (Bishop Museum Press, Honolulu).

第二章

甘薯资源的种类与应用

甘薯种质资源是培育优质、高产、抗病（虫）、抗逆甘薯新品种的物质基础，合理利用资源材料可提高甘薯新品种选育效率，同时也可根据市场需求挖掘甘薯资源新的用途。

第一节　甘薯资源的种类

一、科学上的分类

（一）植物学分类

目前，我们栽培种植的甘薯 [*Ipomoea batatas* (L.) Lam.] 是旋花科甘薯属的一个种，也是具有蔓生习性的多年生草本植物。甘薯属约含有400个种，由于其中同名者较多，加上分类体系尚未确立，常常容易造成混乱（图7至图9）。因此，将甘薯及其近缘野生种统称为甘薯组。

甘薯组植物的分类是根据对其细胞学和植物学研究的结果进行的。目前，日本、美国学者在甘薯组植物的分类上还存在着一定分歧，主要表现在命名和染色体倍性上。目前比较容易接受的分类方法是：根据同甘薯的杂交亲和性，将甘薯组植物分为两个群，即同甘薯杂交亲和的第Ⅰ群和同甘薯杂交不亲和的第Ⅱ群。

第Ⅰ群是B群（Batatas群），与甘薯杂交可以结实。其中包

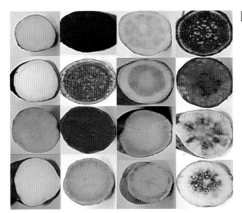

图7　多彩的薯肉色

图8　多形态的叶形

图9　多样的野生种质资源

括白花野牵牛（*I. leucantha*，2x）、海滨野生牵牛（*I. littoralis*，4x）和三浅裂野牵牛（*I. trifida*，含6x，4x，3x，2x），栽培种甘薯（*I. batatas*，6x）也归入此群。

第Ⅱ群是A群（Affinis群），与甘薯杂交不结实。包括多洼野牵牛（*I. lacunosa*，2x）、三裂叶野牵牛（*I. triloba*，2x）、毛果野牵牛（*I. trichocarpa*，2x）、野氏野牵牛（*I. ramosissima*，2x）、椴树野牵牛（*I. tiliacea*，4x）、纤细野牵牛（*I. gracelis*，含2x，4x）以及多洼野牵牛与纤细野牵牛杂交后人工加倍其杂种染色体形成的*I. lacunocilis*（6x）。

（二）根据品种资源的来源分类

1. 地方品种（农家种） 甘薯在我国分布很广。由于我国幅员辽阔，地形复杂、各地自然条件悬殊，耕作制度多样。甘薯自明朝万历年间传入中国，在400多年漫长的生产过程中，经自然或人工选择，产生了许多不同于原种的类型——农家种（地方品种资源）。这类资源具有很强的地方适应性，对干旱、低温、瘠薄、涝渍等不利气候和土壤条件具有较强的适应性，对病虫害也具有较高的抵抗性，而且有些品种还表现为品质优良。胜利百号（冲绳100号）适应性广，就有我国地方种潮州薯的基因。

2. 育成品种 通过品种间（或种间）有性杂交等人为技术手段，并根据育种目标进行了选育和改良。这类资源一般具有较多可利用的优点，而且综合性状较好、生产性能稳定，适应性较强。

3. 引进种 主要指从国外收集和引进的甘薯品种及具有某些优良特性高代品系。

4. 野生种 主要指甘薯属的近缘野生种资源。野生资源是发掘作物育种新的抗病、抗逆等优良基因的重要来源之一。

5. 遗传材料 指具有重要遗传基因的高代品系、种间材料等。

二、生产上的分类

甘薯资源在生产上的分类主要是根据其主要用途来划分的。

1. **淀粉加工型甘薯** 主要指甘薯块根中具有较高淀粉含量的品种。淀粉型鲜甘薯块根中淀粉含量一般高于20%；薯干中淀粉含量达65%～77.8%，这类甘薯品种的块根中淀粉含量较高，为一般谷类作物所不及。淀粉型甘薯的50%用于加工淀粉，然后再用淀粉加工成粉条、粉丝及从副产物中提取膳食纤维、色素和蛋白质等。淀粉型甘薯不仅是较好的淀粉原料作物，还是未来的理想再生新能源乙醇的生物质能源作物。

2. **鲜食和食品加工型甘薯** 主要指将甘薯块根用于鲜食及通过加工技术提取甘薯全粉和提取花青素及胡萝卜素功能成分的甘薯品种。鲜食型品种块根中除含有淀粉、可溶性糖和多种维生素等营养物质外，蒸煮后还具有较好的食味和口感；食品加工型品种，主要是利用其块根中的功能营养成分β胡萝卜素（图10）和花青素（图11），这类品种一般β胡萝卜素、花青素等功能成分的含量比较高，多用于全粉加工、天然色素和功能成分提取、制作薯条（片）、薯脯等。

图10 高胡萝卜素甘薯品种　　　　图11 紫甘薯品种

3. **紫肉型甘薯** 又称紫心甘薯，这类甘薯的块根中因富含花青素而具有较强的抗氧化能力，能清除人体内的有害自由基，对人体健康十分有益。紫肉型甘薯又分为以下两种：

鲜食型：这类品种的花青素含量不太高，但蒸煮后食味和口感较好；每100克鲜薯花青素含量一般大于5毫克，小于40毫克。

色素加工型：这类品种的薯肉色颜色较深，一般有深紫色、紫红色和紫黑色。其花青素含量较高，一般每100克含量大于40毫克。干物率较高，适宜加工紫薯全粉和提取天然色素。紫甘薯在食品加工、化妆品、医药保健等领域都发挥着重要作用。

4. 特用型甘薯品种　随着人民生活水平的不断提高，对甘薯的品质提出了新需求。特用型甘薯，是甘薯优质品种的细化，也是市场和甘薯产业开发的需求。目前，特用型甘薯主要有以下几种类型：

高胡萝卜素型：这类品种的薯肉色多为橘红色，每100克鲜薯块中的胡萝卜素含量大于10毫克。红心甘薯富含类胡萝卜素，类胡萝卜素是维生素A合成的前体物质，也是人体必需的微量营养元素，具有多种保健功能。通过食用高胡萝卜素甘薯能够改善维生素A缺乏。

菜用甘薯：主要指甘薯茎蔓顶端10厘米左右的鲜茎叶，用作蔬菜的甘薯品种（图12）。甘薯茎尖和叶片中含有丰富的蛋白质、维生素A、维生素B_2、维生素C以及矿物质等，其蛋白质、胡萝卜素、维生素B_2的含量均比薤菜、绿苋菜、莴苣、芥菜叶等高，在中国、日本、朝鲜、韩国及东南亚地区用作蔬菜，香港人称薯叶为"蔬菜皇后"。从甘薯茎叶中可提取浓缩叶蛋白，其营养价值并不逊色于豆谷等种子蛋白。该叶蛋白除作为高蛋白资源外，还富含微量元素与钙质，为食物中少见的高钙食品，是良好的钙质补充剂。炒食口感风味良好、营养丰富均衡，具有抗氧化、延缓人体细胞衰老等特点。

图12 菜用甘薯

　　观赏型甘薯：这类品种主要是色彩丰富、鲜明；叶形丰富多样；生长速度快，茎蔓再生能力强和耐旱、耐瘠，易管理等特点（图13）。利用叶形优美、茎、叶色靓丽（亮丽）和专用的栽培措施诱导开花和空中结薯等，用于道路绿化、廊亭和庭院观赏、与其他花卉植物搭配造景等。

图13　观赏甘薯

　　药用甘薯：目前，在笔者保存的资源中，具药用价值的资源只有西蒙1号，其块根和茎叶中含有多种有益的矿质元素（Ca、Mg、Fe、Zn、Mn、Ni等）和多种维生素（如维生素B_1、维生素B_2、维生素C、维生素K、叶酸等）。这些有益元素的综合作用，可提高人体制造红细胞的机能，净化血液、恢复体质，对过敏性紫癜和一些慢性出血症有辅助治疗作用。

　　据徐州甘薯研究中心目前的研究，药用甘薯西蒙1号的茎叶中富含黄酮、酚酸、萜类和甾体类等功能成分，尤其是含有旋花科植物特有的树脂糖苷类化合物。其茎叶提取物在临床上对血小板减少型紫癜和过敏性紫癜有特效，还可以显著增加环磷酰胺模型小鼠的血小板。

第二节　甘薯资源的应用

一、甘薯资源在育种上的应用

　　甘薯资源是培育优质、高产、抗病（虫）、抗逆甘薯新品种的物质基础。甘薯育种的进展和突破都与其遗传资源的发掘、遗传基础的拓宽、鉴定评价的水平密切相关。要提高甘薯育种效率，加快甘薯品种改良进程，既要了解亲本资源的优良特性，更应了解亲本的血缘关系。现据不同类型甘薯资源的利用情况，分别介绍如下：

（一）地方品种（农家种）的利用

甘薯自明朝末年传入我国，至今已有400多年的栽培历史。在这个漫长的栽培过程中，形成了广阔的甘薯种植地理分布，再经自然变异（图14）及人工选择，产生了很多不同于原种的类型——地方品种（农家种）。这类品种有些能充分反映地方风土的特点，具有很强的地方适应性；有些对旱、渍、瘠薄、低温等不利的气候或土壤条件具有顽强的抗性和耐性；有些对于病虫害具有高度的抵抗性；也有些表现为品质优良成为当地特产。

广东省栽种的甘薯是没有根腐病的，而广东地方种白骨企龙却高抗根腐病。浙江地方品种铁丁蕃特别适应土质板实的地块，且抗旱性强。广东地方品种凤凰夫在广东的干物率高达38%～40%。

日本品种胜利百号是从美国地方种七福和中国地方种潮州薯的杂交后代中选育而成的。较早引入我国的南瑞苕是南美洲的一个地方品种。

在我国甘薯产业发展的历程中，从20世纪50年代初至70年代中期，各地的地方品种在甘薯品种改良和甘薯生产中均发挥了重要作用。地方品种禺北白、蓬尾和红皮六十日，在20世纪50年代的种植面积达到了1 000万亩以上。在品种改良方面，广东禺北白、安徽夹沟大紫等被用作亲本进行品种改良，育成50多个品种。如：徐薯18（图15）就有夹沟大紫的基因，南薯88（图16）含有禺北白的基因。地方品种在品种创新中发挥了重要作用。

图14 甘薯皮色、肉色的自然变异

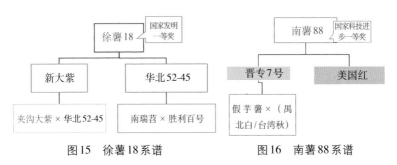

图15 徐薯18系谱

图16 南薯88系谱

（二）育成品种的利用

传统的甘薯育种是以农家种为基础，通过自然产生的无性系变异进行系统选择来改良品种，由于其育种水平较低，使品种改良的进程缓慢。

育成品种是指通过品种间（或者种间）有性杂交等人为技术手段，并根据育种目标进行了选育和改良的品种。育成品种作为亲本本料，在我国也有60多年的历史，通过育种家的长期实践与筛选，各育种单位选配出许多优良的组合和品种。这类选育而成的品种，一般具有较多可利用的优点，而且综合性状较好、适应性强，如徐薯18、南薯88、徐薯22、商薯19、广薯87等。

根据世代渐进的理论，现今的育种家推崇利用已育成的品种作为亲本，不断提高遗传改良的进度，据1980—2008年（28年），通过省级以上审（鉴）定263个品种的系谱分析，直接用徐薯18作为亲本的品种有33份，占12.5%。这充分表明了优良育成品种作为亲本，在甘薯品种改良中的作用日趋重要。

（三）引进种的利用

从国外或境外引进甘薯资源，是扩增甘薯资源数量、种类，丰富和扩大育种遗传基础的重要举措。纵观我国甘薯育种的历程，外引资源的利用极大地促进了我国甘薯遗传改良，特别是美国的南瑞苕和日本的胜利百号。

盛家廉先生从1949年开始利用这两个品种进行正反交，先后育成了华北117、华北166、北京553、北京284、北京169等。

陆国权（1990）报道，我国用胜利百号作亲本育成的品种有41个，以南瑞苕为亲本的品种有33个，而从这两个亲本正反交的后代中选育的品种就有31个。陆漱韵等（1998）分析，自1949年以来，我国甘薯育成品种（系）中含有胜利百号和南瑞苕的基因的占育成品种总数的94%。这些研究分析，均表明外引品种资源在我国甘薯品种改良中做出的重要贡献。尤其选育的徐薯18，荣获了国家发明一等奖，是外引资源和农家种结合利用的典范，开创了中国甘薯育成品种的先河。

（四）野生种资源的利用

甘薯的野生种是具有对病虫害的抗源、耐贮藏性和改进产量的重要基因源。同时也表明野生种在甘薯育种中具有广阔的应用前景。目前，主要有以下三种利用途径：种间有性杂交、染色体加倍、体细胞杂交。

1. 种间有性杂交 日本于1975年，通过利用六倍体三浅裂野牵牛与甘薯杂交和两代回交，育成了具有1/8 *I. trifida*（6x）血统的高淀粉、高产、抗茎线虫病的品种南丰。江苏省农业科学院粮食作物研究所从1977年开始引进和利用近缘野生种材料，选出了一些优良系，如高产、高干物率、高抗茎线虫病的H11-30。河北省农林科学院粮油作物研究所利用甘薯*I. trifida*（6x）K123杂交选育出高干物率品系冀Y1、冀Y25等。1996年以后，通过源于美国的三浅裂野牵牛实生苗选系Y-2、Y-4、Y-6，选育出冀薯98、冀薯99、冀薯71等几个新品种。

2. 染色体加倍 甘薯组植物中除栽培甘薯（6x）和*I. trifida*（6x）之外，大部分是四倍体和二倍体，也是很宝贵的甘薯种质资源。但它们与栽培甘薯之间杂交时，结实性远低于六倍体种与甘薯的杂交。而A系列与B系列间的杂种植株则更可能因为远缘染色体组的不协调而表现不育。因此，科学家们试图利用染色体加倍克服上述各种困难。

染色体加倍有自然加倍和利用化学处理加倍两种。Orjeda等（1990）在甘薯近缘野生种二倍体的*I. trifida*中发现了2n花粉（2n花粉又称未减数花粉，是花粉母细胞其中一次分裂失败，从而使所产生的花粉染色体数自然加倍），随后Jomes（1990）又在四倍体的一个野生种中发现了2n花粉。李惟基等（1993）在*I. trifida*（4x）与*I. trifida*（2x）的杂种中观察到大部分种间三倍体杂种在减数分裂时产生高度败育花粉，少数无性系减数分裂异常，在四分体时期出现一定频率的二分体，最终形成大粒可着色花粉。上述二分体出现的频率与大粒花粉的出现频率表现高度正相关，相关系数$r = 0.874\,3$。侯利霞等（1997）最终获得了有生活力的种子。

ORJEDA等（1991）将二倍体和四倍体的*I. trifida*杂交，得到的三倍体杂种，用秋水仙素处理腋芽，得到一定比例的合成六倍体，并产生了可育花粉。

夏殿仁（1983）获得了二倍体*I. trifida*（A系列）与甘薯品种徐薯18（B系列）的一个远缘杂交后代，不仅没有雄蕊，而且不形成成熟的胚囊。利用0.5％秋水仙素无菌条件下处理该杂种植株的带节茎段，然后经组织培养的方法，获得了染色体加倍的杂种植株，加倍率高达45％。同时获得少量发育成熟的胚囊。这为向甘薯品种中导入A系列基因提供了现实的可能性。

3. 体细胞杂交 可使甘薯杂交不亲和的种之间实现基因交流。主要研究的内容包括原生质体的分离、融合和再生技术。刘庆昌（2005）通过体细胞杂交获得种间体细胞杂种KK14-121和XK18-61，并具有良好结薯性，有望用于甘薯育种。

（五）特异资源的利用

在以往的育种工作中，对高产、高干物率（高淀粉）、抗病的优异性状较为重视，而对富含甘薯黄酮、β－胡萝卜素、铁、锌、多糖、蛋白质、膳食纤维等特殊功能品质重视不够，如药用甘薯西蒙1号的药用价值还未得到开发和利用。观赏和菜用甘薯才刚刚起步，具有特殊遗传特性的材料，目前笔者团队还正在研究之中，因此，未来还应探讨多种技术措施，开发和利用这些特异资源，更好地展示出甘薯的生产和市场发展潜力。

二、我国甘薯的资源利用与建议

（一）我国甘薯资源的利用

甘薯资源是培育优质、高产、抗病（虫）、抗逆甘薯新品种的物质基础。甘薯育种的进展和突破都与其遗传资源的发掘、遗传基础的拓宽、鉴定评价的水平密切相关。提高甘薯育种效率，加快甘薯品种改良进程，既要了解亲本资源的优良特性，更要了解亲本的血缘关系。通过对"六五"以来（审）鉴定品种的亲本资源利用情况分析，可为今后提高甘薯育种效率提出建议。

传统的甘薯育种是以农家种为基础，通过自然产生的无性变异进行系统选择来改良品种，由于育种水平低，致使品种改良的进程缓慢。人工辅助有性杂交技术的应用，把甘薯的品种改良推向了一个新的高度，开创了我国甘薯育种史上的新篇章。在国家甘薯产业技术体系的资助下，"十二五"期间，对全国25个科研单位"六五"以来通过（审）鉴定的品种进行系谱组成分析，为筛选优良亲本、配制合理有效的组合、提高科学预见性、加快新品种培育的进程，都具有十分重要的意义。

1. **甘薯不同品种类型的利用**　对全国25个甘薯育种单位"六五"以来通过审（鉴）定的263个品种的应用类型统计（表2），其中淀粉型品种54份，占20.5％；鲜食型品种126份，占47.9％；菜用型5份，占1.9％；兼用型品种78份，占29.7％。结果表明：甘薯鲜食型品种的比例位居榜首，其次是兼用型，淀粉型的比例最低。

表2　263个甘薯品种利用类型统计表

品种类型	品种数量	所占比例（％）
淀粉型品种	54	20.5
鲜食型品种	126	47.9
菜用型品种	5	1.9
兼用型品种	78	29.7
合计	263	100

2. **我国主要甘薯品种的亲本类型**　对"六五"以来通过审（鉴）定的255个品种亲本类型进行分类统计，在255个品种的亲本中利用地方种的有26个，占10.2％；用育成种作为亲本的有190个，占74.51％；用外引资源作为亲本的39个，占15.3％；利用野生资源血缘材料作为亲本的只有3个，仅占1.2％（表3）。

分析结果表明，以育成品种作为亲本利用，在甘薯品种选育中居主导地位。

表3 255个品种亲本资源利用情况分析表

序号	单位名称	品种数量	地方种亲本	育成种亲本	外引亲本	野生种亲本	备注
1	四川省农业科学院作物所	13	1	7	5	0	
2	湖南省农业科学院	8	1	6	1	0	
3	广西壮族自治区农业科学院	5	2	2	1	0	
4	湛江试验站	3	0	3	0	0	
5	万州试验站	6	0	4	2	0	
6	河北省农林科学院	9	1	6	1	2（同一个组合）	1为同一个组合
7	重庆甘薯研究中心	10	1	9	0	0	
8	浙江省农业科学院	4	0	3	0	1	
9	江苏徐州甘薯研究中心	10	0	5	5	0	
10	四川南充农科所	8	0	5	3	0	
11	四川绵阳农科所	8	1	7	0	0	
12	陕西宝鸡市农业科学研究所	6	1	4	1	0	
13	福建龙岩科学研究所	12	5	7	2	0	2与地方种组合重复
14	商丘市农林科学院	5	0	5	0	0	
15	济宁市农业科学院	6	0	5	1	0	
16	湖北省农业科学院	7	1	4	2	0	
17	阜阳市农业科学研究所	4	3	1	0	0	
18	安徽省农业科学院	6	0	5	1	0	

（续）

序号	单位名称	品种数量	地方种亲本	育成种亲本	外引亲本	野生种亲本	备注
19	漯河市农业科学院	8	0	8	0	0	
20	烟台市农业科学院	15	0	12	3	0	
21	江苏省农业科学院粮食所	13	0	10	3	0	
22	福建省农业科学院	32	2	29	1	0	
23	山东省农业科学院	12	1	9	2	0	
24	广东省农业科学院	26	4	21	1	0	
25	河南省农业科学院	19	2	13	4	0	
	合计（去掉重复）	255	26	190	39	3	

3. 我国甘薯亲本利用分析　"六五"以来审（鉴）定品种的系谱分析：通过对"六五"以来审（鉴）定的263份品种的系谱分析，直接用徐薯18作为亲本的品种有33份（表4）；直接用胜利百号、南瑞苕作亲本的品种有9份（表5），由此分析，与胜利百号或南瑞苕血缘关系较近的品种有42份，约占所选育品种的16%。

表4　直接用徐薯18作亲本的品种统计表

序号	品种	系谱
1	川薯1774	南丰 × 徐薯18
2	川薯383	绵粉1号 × 徐薯18
3	川薯34	南丰 × 徐薯18
4	川薯59	徐薯18 × 川薯101
5	湘薯10号	徐薯18 × 湘薯6号
6	湘薯12号	徐薯18 × 湛73-165
7	湘薯14号	徐薯18 × 广70-9
8	冀薯3号	徐薯18 × 华北166

（续）

序号	品种	系谱
9	冀14-2	徐薯18集团杂交
10	渝苏76	徐薯18×苏薯1号
11	渝苏153	徐薯18集团杂交
12	渝苏151	徐薯18×苏薯1号
13	渝紫263	徐薯18集团杂交
14	苏薯3号	徐薯18×群力2号
15	徐薯43-14	AIS35-2×徐薯18
16	徐薯25	徐薯18×徐781
17	漯徐薯8号	徐薯18×徐781
18	南薯95	徐薯18×万春1号
19	绵薯3号	绵粉1号×徐薯18
20	绵薯4号	徐薯18×绵粉1号
21	绵薯6号	徐薯18×83-1229
22	绵薯7号	徐薯18×8410-778
23	齐宁9号	徐薯18×济薯15号
24	皖苏31	徐薯18/绵粉1号
25	鄂薯1号	83-1233×徐薯18
26	皖薯3号	徐薯18/L4-5
27	皖薯5号	徐薯18/群力2号
28	漯薯6号	徐781×徐薯18
29	鲁薯3号	徐薯18×美国红
30	苏薯5号	徐薯18×华北166
31	鲁薯8号	徐薯18×群力2号
32	济薯18	徐薯18与PC99-2等38个品种放任授粉
33	豫薯7号	南丰×徐薯18

表5　直接用胜利百号、南瑞苕作亲本的品种统计表

序号	品种	系谱
1	胜南	胜利百号 × 南瑞苕
2	烟薯1号	胜利百号 × 南瑞苕
3	川薯27	南瑞苕 × 美国红
4	川薯73	岩薯5号 × 南瑞苕
5	大南伏	南瑞苕/地下伏
6	岩齿红	南瑞苕/小五齿
7	苏薯1号	南瑞苕 × 华北52-256
8	济薯1号	南瑞苕 × 胜利百号
9	郑州红	胜利百号 × 跃进2号

（二）问题与建议

1. **关注食用甘薯的品质**　通过对我国甘薯品种类型进行分析，食用型甘薯品种的比例已近50%，居于首位，因此在食用品种的改良中，应重视所选亲本材料要具有的优良品质，这也是目前优质食用型甘薯新品种选育的第一个环节。根据选育的品种类型，需要关注的优良品质主要包括：淀粉品质、胡萝卜素含量、花青素含量、蒸煮食味、外观品质等。

2. **注重选用外引优良特性突出的资源作为亲本**　现今的育种家推崇利用已育成的品种作为亲本，不断提高遗传进度，据统计2000年以来通过省级以上审（鉴）的54个品种中有29个是利用育成品种作为亲本选育成功的。而据对1980—2008年通过省级以上审（鉴）的263个品种的系谱分析，直接用徐薯18为亲本的有33份，直接用胜利百号、南瑞苕作亲本的品种有9份、与胜利百号或南瑞苕亲缘关系较近的品种有42份。这既说明徐薯18、胜利百号、南瑞苕是综合性状优良的亲本材料，同时也揭示了优异资源材料的匮乏而导致的甘薯遗传背景狭窄，

甘薯育种遗传基础近交系数增高，导致甘薯品种改良的进程减缓。

3. 科学利用含野生血缘的种间或中间材料为亲本　纵观我国甘薯杂交育种的系谱来源，几乎所有的杂交种都含有胜利百号或南瑞苕这两个外来品种的血缘。陆国权（1990）报道，我国用胜利百号作亲本的品种有41个，以南瑞苕为亲本的品种有33个。而从这两个亲本正反交的后代中选育的品种就有31个。陆漱韵等（1998）则认为自1949年我国甘薯育成品种中有94%与南瑞苕和胜利百号有血缘关系，导致甘薯遗传背景狭窄，甘薯品种改良进展缓慢。说明甘薯育种遗传基础近交系数增高，品种改良的速度减缓，亟待引进国外新的优良资源材料和挖掘野生种的优异特性基因，为甘薯品种改良，提供更加丰富的优良资源材料，再创甘薯的新辉煌。

（唐君　周志林　等）

主要参考文献

侯利霞,李惟基,周海鹰,等,1997.甘薯近缘三倍体杂种2n花粉发生和利用的研究[J].中国农业大学学报(5):91-99.

江苏省农业科学院,山东省农业科学院,1984. 中国甘薯栽培学[M].上海：上海科学技术出版社.

李惟基,陆漱韵,王家旭,等,1993.甘薯属种间杂种三倍体产生2n花粉(简报)[J].北京农业大学学报(1):108.

李政浩,罗仓学,2009. 甘薯生产现状及其资源综合应用[J].陕西农业科学,55(1):75-77.

刘晓娟,李惟基,1996.甘薯近缘野生种育种利用研究的近期进展[J].中国甘薯(8)：38-40.

陆国权,1990. 中国甘薯育成种系谱[J].中国甘薯(4)：26-29.

陆漱韵,刘庆昌,李惟基,1998.甘薯育种学[M].北京：中国农业出版社.

盛家廉, 袁宝忠, 邬景禹, 等, 1987. 我国甘薯品种资源研究现状[J]. 中国甘薯 (1) : 19-20.

唐君, 周志林, 张允刚, 等, 2009. 国内外甘薯种质资源研究进展[J]. 山西农业大学学报 (自然科学版), 29 (5) :478-482.

王寒, 1987. 论甘薯发展前途[J]. 中国甘薯 (1) : 14.

王家旭, 陆漱韵, 1992. 甘薯属 (Ipomoea) 甘薯组 (Section Batatas) A群与 B群种间杂交的胚珠培养和杂种植株 (简报) [J]. 中国农业大学学报, 3 (3) :280.

王意宏, 李洪民, 钮福祥, 1994. 甘薯的营养及化学组成的再认识[J]. 中国甘薯 (7) : 217.

夏殿仁, 李惟基, 王家旭, 等,1993. 甘薯属甘薯组(Section batatas)A,B 系列间杂种F_1胚囊发育的研究[J]. 北京农业大学学报 (S4):150.

ORJEDAG R F, IWANAGAM, 1990. Production of 2n Pollen in Diploid *Ipomoea trifida*, a Putative Wild Ancestor of Sweet Potato[J]. Journal of Heredity, 81(6): 462-467.

JONES A, 1990. Unreduced Pollen in a Wild Tetraploid Relative of Sweet potato [J]. Journal of the American Society for Horticultural Science, 115(3): 512-516.

ORJEDA G, FREYER R, IWANAGA M, 1991.Use of Ipomoea trifida germ plasm for sweet potato improvement. 3. Development of 4x interspecific hybrids between *Ipomoea batatas* (L.) Lam. (2n=6x=90) and *I. trifida* (H.B.K) G. Don. (2n=2x=30) as storage-root initiators for wild species[J].Theor Appl Genet, 83(2): 159-163.

第三章

甘薯的特点

甘薯具有超高产、耐旱、耐瘠、耐逆、再生能力强、营养丰富等特点。鲜薯亩产可达 5 000 千克以上，薯干亩产可达 1 500 千克；甘薯以苗繁殖，不受季节、生育期限制，薯块和地上茎、叶均可食用；甘薯耐旱、耐瘠，在丘陵旱薄地区严重干旱、谷类作物颗粒无收的田块，甘薯鲜薯亩产仍可达到 1 500 千克；甘薯还是世界卫生组织推荐的最佳食品。

第一节　甘薯的抗逆性

一、耐旱性强

甘薯移栽后，种苗入土的节形成不定根，生长也比较快，因此需水迫切，但耗水量不多，适量的水分利于不定根分化为具有商品价值的块根，过度的干旱使不定根易转化为柴根或枯死。分枝结薯期，植株的体量还较小，气温也不高、需水量较少。薯蔓并长盛期，甘薯需要实现茎的伸长和不断地分枝，光合面积扩大的生理生长目标，同时这个阶段的气温较高，因此这个阶段是耗水高峰阶段，适宜的土壤含水量为田间最大持水量的70%～80%，但是如果雨量过多，茎叶容易徒长，纤维根增多。在生长后期的块根膨大阶段，气温逐渐下降，茎叶生长减慢，耗水量趋于减少，这一时期如果缺水，植物易早衰而导致减产，但水分过多造成土壤通气条件恶化，影响甘薯正常呼吸，会导致块根减产，干物率下降，口感变差，也不耐贮藏。

甘薯独特的根系构造及其可塑性和耐旱机制使得甘薯比马铃薯、菊芋、大豆、玉米能忍受较长时间和较大强度的干旱。①甘薯的根系非常发达，一般可深入土层1米左右，而且吸收根的根毛很发达，为大豆的10余倍（图17）；②甘薯体内胶体束缚水含量较高，因此持水力和耐脱水性优于玉米、大豆、棉花等，能在夏季炎热干旱的中午，土壤水分不足的情况下较迟出现萎蔫现象；③甘薯在供水不足时，细胞和叶片变小，叶片维管束变密，叶变厚，产生适应旱生的形态解剖结构；④甘薯以块根为收获对象，短期干旱不会对产量造成显著影响，而且块根含水量一般在70%～80%，当干旱来临时，块根还能起到自动调节作用，使生长不致停止；⑤在干旱条件下，茎叶生长和块根膨大虽会受到影响，有时甚至暂停生长，但干旱一旦解除，即能立即恢复生长，比小麦、玉米、棉花、大豆等作物受害都轻（图18）。同时早栽的甘薯藤蔓封垄后，更利于耐旱优势的发挥。

图17 甘薯发达的吸收根系　　图18 遭遇干旱的大田甘薯

甘薯400多年前引进我国之后传播和生产实践经验表明，其在抵御不断发生的干旱灾害，促进人口增加、稳定社会等方面做出了不可磨灭的历史贡献。甘薯大田生长期可以少至500毫米降雨量，最适降雨量为750～1 000毫米，在当今气候变暖、干旱灾害区域扩大和灾害更加频繁的背景下，甘薯特别是耐旱品种将会更加受到重视和发挥其在旱作农业中的抗旱减灾作用。

二、耐土壤贫瘠

甘薯种苗移栽发根后，从土壤中吸收矿质养分和水分，其块根在土壤中形成、膨大。甘薯对矿质元素的需要除氮、磷、钾需要补充外，其他矿物质成分一般土壤中都不缺乏。由于甘薯形成根系的能力较强，根系发达，容易成活，甘薯对土壤的适应性较其他种子作物强。一般情况下（pH小于3.5的酸性土和pH大于8.0的盐碱地除外），山地、丘陵坡地、平原或沙土、壤土、黏土等都能种植成活，只是获得的鲜薯产量的高低有相对差异（图19，图20）。坡地和瘠薄地经过起垄后，可以使土层深厚，利于甘薯根系的形成和拓展，促进甘薯产量形成。

图19　瘠薄坡地种植甘薯　　　图20　瘠薄坡地种植甘薯

正是由于耐瘠薄特性，甘薯在丘陵山地适宜性较强，是一种开荒作物和先锋作物。甘薯在丘陵山地和边远地区种植面积较大，种植面积的比例较其他地形和其他作物的比例要高，是当地实现脱贫增收致富的重要资源。同时，种植甘薯形成的藤蔓覆地对于丘陵山地土壤的流失有一定预防效果。

三、其他抗逆性

甘薯起源中南美洲，属于高温短日照作物，适应性广，可在北纬40°至南纬32°区域的1000米海拔以下区域种植，赤道区域可在海平面至海拔3000米范围种植。耐弱光，在四川、重庆地区可与玉米、大豆、烟草套种（图21）。甘薯再生能力强，短期涝害后和台风以后，甘薯可进行恢复性生长，是著名的抗灾性作物。虽然甘薯藤蔓对霜冻敏感，但也具备一定耐寒性。

图21 耐阴甘薯套种玉米（共生期结束玉米收获后甘薯长势）

第二节 甘薯的营养保健价值

甘薯茎叶和块根富含多种营养成分，不仅是满足人类、畜牧生理生长的食物需求，而且因富含功能物质可以促进机体健康，同时也是食品和工业加工的重要原料。因此，甘薯是当前和今后产业化利用的重要作物之一，甘薯产业是一个朝阳产业。

一、甘薯的营养成分

甘薯块根和茎叶营养成分的研究一直受到科学家重视，相关成果丰富，报道较多。有关综合报道表明，甘薯及其加工产品的营养成分的种类、组分及其含量虽然受种植地点及其生态环境、栽培措施、气候因素和贮藏条件、食用方式和加工工艺等因素的影响，但主要由品种本身遗传基础决定。表6引用了美国农业部2014年公布的甘薯营养成分，供参考。

表6　甘薯的营养成分

营养成分		千克鲜块根	千克鲜叶	营养成分		千克鲜块根	千克鲜叶
水分（克）		772.8	868.1	氨基酸（克）	谷氨酸	1.55	—
能量（千焦）		3 590	1 750		甘氨酸	0.31	—
灰分（克）		9.9	13.6		脯氨酸	0.77	—
膳食纤维总量（克）		—	53.0		丝氨酸	3.82	—
碳水化合物	总量（克）	201.2	88.2	矿物质	钙（克）	0.30	0.78
	总糖（克）	41.8	—		铁（克）	0.006 1	0.009 7
蛋白质（克）		15.7	24.9		镁（克）	0.25	0.70
总脂肪（克）		0.5	5.1		磷（克）	0.47	0.81
总饱和脂肪酸（克）		0.18			钾（克）	3.37	5.08
棕榈酸（克）		0.18			钠（克）	0.55	0.06
硬脂酸（克）		0.01			锌（克）	0.003	—
总单不饱和脂肪酸（克）		0.01			铜（克）	0.001 5	
油酸（克）		0.01			锰（克）	0.002 6	—
总多不饱和脂肪酸（克）		0.14	—		硒（微克）	6.0	9.0

（续）

营养成分		千克鲜块根	千克鲜叶	营养成分		千克鲜块根	千克鲜叶
亚油酸（克）		0.13	—	维生素	A（国际单位）	141 870	37 780
亚麻酸（克）		0.01	—		B_1（毫克）	0.78	1.56
植物固醇（克）		0.12	—		B_2（毫克）	0.61	3.45
氨基酸（克）	色氨酸	0.31	—		B_3（毫克）	5.57	11.30
	苏氨酸	0.83	—		B_5（毫克）	8.00	2.25
	异亮氨酸	0.55	—		B_6（毫克）	2.09	1.90
	亮氨酸	0.92	—		C（毫克）	24.00	110.00
	赖氨酸	0.66	—		α-维E（毫克）	2.60	—
	蛋氨酸	0.29	—		β-维E（毫克）	0.10	—
	胱氨酸	0.22	—		K（毫克）	0.018	0.302
	苯基丙氨酸	0.89	—		总胆碱（毫克）	123.00	—
	酪氨酸	0.34	—		总叶酸（微克）	110.00	10.00
	缬氨酸	0.86	—	胡萝卜素	α-胡萝卜素（毫克）	0.07	0.42
	精氨酸	0.55	—		β-胡萝卜素（毫克）	85.09	22.17
	组氨酸	0.31	—		叶黄素（微克）		147.2
	丙氨酸	0.77	—		隐黄素（微克）		580.0
	冬氨酸	3.82	—				

注：数据来源于美国农业部2014 http://www.ars.usda.gov/ba/bhnrc/ndl。"－"未列出相关数据，不等于无相应含量。

　　甘薯茎叶水分含量高于块根80%以上，晒干或烤干后的茎叶主要含蛋白质、膳食纤维、糖分、灰分。甘薯块根水分含量

60%以上，晒干或烘干后的薯干主要含36%～80%的淀粉等碳水化合物，其中直链淀粉比例19.65%～32.21%；还富含多种多样的蛋白质、矿物质和维生素，黄心和红心块根还富含胡萝卜素，紫心甘薯富含花青素。

表7和表8表明甘薯无论是块根还是茎尖，其营养价值不亚于米面和其他普通蔬菜。

表7　甘薯和其他几种主要食物每100克重的成分含量

（林妙娟，1994）

食物种类（每100克）	热量（焦耳）	蛋白质（克）	脂质（克）	糖类（克）	纤维（克）	矿物质			维生素			
						钙（毫克）	磷（毫克）	铁（毫克）	A（国际单位）	B₁（毫克）	B₂（毫克）	C（毫克）
甘薯	113	2.3	0.3	25.8	1.2	46	51	1.0	7 100	0.08	0.05	20.0
米饭	158	2.8	0.4	34.5	0.1	4	51	0.9	0	0.01	0.01	0.0
熟面	131	1.8	1.0	29.4	0.1	19	42	1.2	0	0.01	+	0.4
马铃薯	75	2.3	0.1	16.9	0.4	7	58	0.7	0	0.07	0.04	7.0
芋头	112	3.1	0.2	25.2	1.1	41	100	1.2	0	0.28	0.07	16.0

表8　甘薯茎尖和五种普通叶类蔬菜的营养成分

（Villareal et al.，1982）

蔬菜（每100克）	水分（%）	蛋白质（%）	纤维（%）	矿物质			维生素			草酸（%，干重）
				灰分（%）	钙（毫克）	铁（毫克）	A（国际单位）	B₂（毫克）	C（毫克）	
甘薯茎尖	86.1	2.7	2.0	1.7	74	4	5 580	0.35	41	5.1
水旋花	91.8	2.3	0.9	1.0	94	1	4 200	0.20	43	4.5
菠菜	92.3	2.3	0.8	1.7	70	2	10 500	0.18	60	9.6
苋菜	87.8	1.8	1.3	2.1	300	6	1 800	0.23	17	10.3

（续）

蔬菜 (每100克)	水分 (%)	蛋白质 (%)	纤维 (%)	矿物质			维生素			草酸 (%, 干重)
				灰分 (%)	钙 (毫克)	铁 (毫克)	A (国际单位)	B₂ (毫克)	C (毫克)	
结球莴苣	96.3	0.9	0.3	0.2	14	0.2	4 300	0.03	6	1.3
甘蓝	92.1	1.7	0.9	0.7	64	0.7	75	0.05	62	0.3

甘薯块根与藤蔓除了常见的营养成分以外，均含有丰富的绿原酸、黄酮、多酚等功能成分。如每千克块根干基中含6.8克槲皮素，而每千克新鲜甘薯含0.169克槲皮素（美国农业部2014年http://www.ars.usda.gov/ba/bhnrc/ndl）。西南大学对2018年叶菜型全国联合鉴定试验中的福菜薯25、薯绿1号经过干燥的茎尖叶片（样品来自重庆合川区）绿原酸含量的测定结果分别为0.35克/千克和0.32克/千克。

二、甘薯的保健作用

甘薯保健作用一直受到科学家的重视，研究进展很大，结果较多，甘薯的保健价值日益深入人心，越来越多的消费者喜欢食用甘薯。

（一）甘薯是营养指数最全面的食品

美国公共利益科学中心营养学家通过对13种常见蔬菜研究发现，甘薯含有丰富的食用纤维、糖、维生素、矿物质等人体必需的重要营养成分，在所分析的蔬菜中居第一位，营养指数184，远高于其他常见蔬菜的营养指数（表9）。

表9　13种常见蔬菜的营养指数

食物类别	营养指数	食物类别	营养指数	食物类别	营养指数
烤甘薯	184	烤冬南瓜	44	番茄	27
烤马铃薯	83	生白菜	34	青椒	26
菠菜	76	绿豌豆	33	菜花	25
甘蓝	55	胡萝卜	30		
花椰菜	52	嫩玉米	27		

（二）甘薯是13种最佳蔬菜的冠军

《健康时报》2005年1月13日报道，世界卫生组织经过3年研究和评选，评出最佳蔬菜、最佳水果、最佳肉类、最佳食用油等六大类最健康食品，甘薯被列为13种最佳蔬菜的冠军。

根据营养分析，甘薯茎的蛋白质与猪肉和牛肉相当，其茎尖含有丰富的蛋白质、维生素、矿物质等营养成分，比一些蔬菜高很多，新鲜的嫩茎具有很好的调养作用。甘薯蔓尖富含蛋白质、维生素、矿物质、花色素苷、咖啡绿原酸、黄酮等化学物质，这些化学成分具有抗氧化活性，具有防止衰老、预防癌症、保持心血管健康等多种生理保健功能。目前，在农业生产和科学研究中利用的绝大部分是普通型甘薯品种，虽然其茎尖也可以食用，但由于食味苦涩、质地老化等不足，难于食用；而叶菜型甘薯品种的茎尖熟化后颜色翠绿，食味清香，质地鲜嫩，更适合食用。

据化验分析：甘薯茎尖的蛋白质含量是芹菜、黄瓜的4倍；甘薯茎尖的脂肪含量明显高于其他蔬菜；与中国食物成分表2002年列出的多种水果比较，甘薯茎尖的维生素C含量远远高出苹果、梨和桃等水果。甘薯茎尖的钙含量是油菜、小白菜、芫荽、菠菜、蕹菜、香椿芽、油麦菜、茼蒿钙含量的2～3倍，是甘蓝、胡萝卜、芹菜、生菜、韭菜、莴笋叶的4～6倍，是黄瓜、冬瓜、茄子、丝瓜、南瓜的7～13倍，是番茄的18倍。甘薯茎尖钾含量是油麦菜的4倍，是冬瓜的5倍，是丝瓜、胡萝卜、甘蓝、茄子、生菜、芹菜、番茄、南瓜、黄瓜、莴笋叶、茴香、香椿芽、小白菜和大白菜的2～3倍，是菠菜的1.3倍。甘薯茎尖的硒和铜含量是大多数蔬菜的2～3倍。

高荫榆等人以我国栽培面积大、高产质优的徐薯18薯蔓为实验材料，从中提取、精制获得薯蔓黄酮，研究了薯蔓黄酮对四氧嘧啶致糖尿病小鼠的降血糖作用及对正常小鼠血糖的影响，发现薯蔓黄酮对四氧嘧啶致糖尿病小鼠具有显著的降血糖和缓解病鼠症状的作用；高荫榆等人又利用实验性高脂血症SD大鼠模型研究了PSPV的降脂作用及对脂肪肝的预防和疗效，实验表明PSPV能极显著地降低受试动物肝脏粗脂肪含量，并对脂肪肝有显著的预防和疗效。甘薯茎尖中的去氢表雄酮，可防治结肠癌和乳腺癌，日本国家癌症研究中心在20种抗癌蔬菜中，将甘薯名列榜首；甘薯茎叶多酚具有良好的抗氧化活性和加工稳定性，有潜质成为一种新型天然抗氧化剂。

（三）甘薯保健作用的总述

Lim在其由德国施普林格2016年出版的《食用药用植物与非药用植物》（图22）专著中综述了1988—2014年120余篇有关甘薯的保健成分和保健作用研究的报道，把甘薯看做是食用的药用植物。甘薯块根与茎叶因富含多酚、糖蛋白、黄酮、绿原酸、胡萝卜素、花青素、膳食纤维、生物碱、皂苷、萜类等功能物质，使得甘薯在抗氧化活性、抗癌活性、抗病毒、抗菌、抗诱变活性、糖尿病预防与控制、抗高血脂、抗炎症，在认知增强、降血压、心脏保护活性、神经保护活性、免疫调节活性、抗疲劳活性、肝保

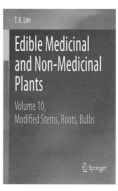

图22　《食用药用植物与非药用植物》

护活性、肾保护活性、伤口愈合活性、抗溃疡活性、辐射防护活性、血管舒张活性等方面具有保健促进健康的功效。

国内也注重甘薯保健功效的研究，例如西南大学药学院发现甘薯忠薯1号富含糖蛋白SPG-56，具有延缓和阻滞结肠癌发生的功效。

第三节　甘薯的用途

甘薯用途广泛，可作为粮食、饲料和食品加工原料，近年来食叶、观赏等新的用途不断被开发利用，是现代农业产业结构调整和扶贫开发的优势作物。

一、粮经饲兼用

甘薯营养成分丰富、全面，曾经是人们的主粮，由于甘薯育种和绿色栽培科技的不断推进和甘薯保健观念深入人心，甘薯由"口粮"充饥食物转变为"健康"食物，鲜食甘薯市场正在迅猛发展，食用比例正在逐年提高，涌现"桥沙地瓜""福建蜜薯""遂宁524"等鲜食甘薯著名品牌（图23）。同时，甘薯富含蛋白质，可随时采收，是重庆、四川生猪等家畜的重要饲料来源。

图23　桥沙地瓜

随着供给侧改革的推进，甘薯正在向效益型经济作物转变，成为精准扶贫、乡村振兴的首选产业化经济作物之一。

二、菜用和观赏

甘薯茎尖有"蔬菜皇后"的美称。在我国南方，历来就有食用甘薯茎尖的习惯，目前叶菜型甘薯产业正在向北方推进。随着叶菜型品种的更新，一个季度的叶菜型甘薯产量可达5 000千克/亩，效益很高（图24）。

图24 叶菜型甘薯

甘薯资源丰富，结合园林技术，甘薯观叶色、观叶型和观薯的花卉产业正在街道绿化、家庭阳台、休闲观光农业中发挥越来越多的作用（图25，图26）。

图25 济南街头观赏型甘薯

图26　观赏型空中甘薯

三、加工业的原料

　　甘薯更为重要的是可以满足加工业的发展需求，除了传统的淀粉、粉丝、粉条、粉皮加工外，还可以加工成许多产品，例如薯干、薯条、饮料、酒品、点心、月饼等，甘薯加工新产业正在蓬勃发展（图27至图29）。

图27　紫薯全粉　　　　　　　　　图28　甘薯点心

图29　烤薯干

四、能源的开发利用

甘薯的太阳能转化效率 $[240×10^3$ 卡 / （公顷·天）] 高于玉米 $[200×10^3$ 卡/（公顷·天）]、水稻 $[176×10^3$ 卡/（公顷·天）]、小麦 $[110×10^3$ 卡 / （公顷·天）] 等禾谷类作物，甘薯块根淀粉产量高，通过糖化、发酵可以生产乙醇。

甘薯的燃料乙醇性能自1909年以来就一直得到美国科学家关注和研究。美国在马里兰、亚拉巴马两个州的田间试验研究发现，甘薯（品种Beauregard，干基碳水化合物含量80％）的生物乙醇理论产量比同等试验下木薯、玉米增加79.43％和135.96％，平均高达8 490.0升/公顷，表明甘薯完全可以替代美国当前的燃料乙醇作物玉米。中国科学院成都生物研究所研究表明种植3.6亩南薯007和商薯19可分别加工1吨燃料乙醇。我国山东、河南等地已经开始以甘薯为原料开展车用燃料乙醇试点和产业化工作。

浙江大学生命科学学院开展了废弃甘薯藤蔓高温灭菌、糖化和发酵，作为产油微生物发酵性丝孢酵母（*Trichosporon fermentans*）生长的原料，生产油脂可达6.98克/升，为甘薯生物柴油的生产、废弃藤蔓的利用开辟了新路径。

因此，随着能源甘薯品种产能的提高和藤蔓以及其他副产物综合利用水平的不断进步，甘薯在再生能源生产中的投入产出综合优势将日益明显。

（傅玉凡 等）

主要参考文献

高荫榆，罗丽萍，王应想，等，2005. 薯蔓黄酮降血糖作用研究[J]. 食品科学(3): 218-220.

公宗鉴, 1991. 对甘薯的再认识 [J]. 农业考古 (1): 205-218.

胡明, 2013. 近代华北地区干旱旱灾与农作物种植结构调整 [J]. 农业考古 (4): 44-48.

江苏省农业科学院, 山东省农业科学院主编, 1984. 中国甘薯栽培学 [M]. 上海: 上海科学技术出版社.

李坤培, 张启堂, 2019. 甘薯生物学 [M]. 重庆: 西南师范大学出版社.

林妙娟, 1994. 甘薯之营养与食用法. 根茎作物生长改进及加工利用研讨会专刊. 319-327.

陆漱韵, 李惟基, 刘庆昌, 1998. 甘薯育种学 [M]. 北京: 中国农业出版社.

美国农业部, 2014. http://www.ars.usda.gov/ba/bhnrc/ndl.

Jin Y L, Fang Y, Zhang G H, et al., 2012. Comparison of ethanol production performance in 10 varieties of sweet potato at different growth stages[J]. Acta Oecol, 44: 33-37.

Khan MA, Gemenet DC, Villordon A, 2016. Root system architecture and abiotic stress tolerance: current knowledge in root and tuber crops [J]. Frontiers in Plant Science, 7:1584.

Lim TK., 2016. *Ipomoea batatas*. In: Lim TK（eds.）, Edible Medical and Non-Medical Plants, 10, Modified Stems, Roots, Bulbs [M]. Springer Berlin.

Ravi V, Indira P., 1996. Anatomical studies on tuberization in sweetpotato under water deficit stress and stress free conditions [J]. Journal of Root Crops, 22:105-111.

Villareal R. L., Tsou S. C., Lo H. F., et al., 1982. Sweet potato tips as vegetables. Sweet potato : proceedings of the first international symposium / edited by R.L. Villareal, T.D. Griggs.

Woolfe J A, 1992. Sweetpotato: an Untapped Food Resource [M]. Cambridge UK: Cambridge University Press.

第四章

甘薯形态特征及功能

甘薯形态各异，根、茎、叶、花、果实各具一定的功能，茎叶是制造同化物质的工厂，花和果实在科研上有重要的意义，特别是根的发育与分化与其他作物相比更有特色。

第一节　甘薯的根

一、甘薯根的形态特征

（一）根和根系

种子植物最早生出来的根，叫主根。主根一般垂直向下生长，长到一定长度时就生出许多分枝，叫侧根。侧根可以反复分支，生出新的侧根。除此之外，还有在茎、叶或胚轴上生出的不定根。

一株植物根的总和叫根系。根系是植物体的地下部分，是植物长期适应陆地条件而形成的一个重要器官，具有锚定植物、吸收输导土壤中的水分和养分、合成和储藏营养物质等生理功能。根系有直根系和须根系两种类型。有明显的主根和侧根之分的根系叫直根系。须根系的根和侧根无明显区别，或根系全由不定根组成。一般直根系分枝层次明显，根系分布在土壤的深处；组成须根系的根粗细相差不多，根系分布在土层的浅处。

（二）甘薯根的分类

现在栽培的甘薯主要是为了获取硕大味美的块根，块根是由侧根或不定根发育膨大而成。甘薯作为大田栽培植物，一般采用营养繁殖，薯苗或薯蔓节的根原基长出不定根（幼根），块根便是由这些幼根形成的，它是适于贮藏养料的一种肉质贮藏根。在长期的进化过程中，由于根原基形成早晚及环境条件的差异，不定根还会发育成纤维根和柴根。

1. 纤维根　又称须根、细根，呈纤维状，细而长，上有很多分枝和根毛，具有吸收养分和水分的功能。纤维根在生长前期生长迅速，分布较浅；后期生长缓慢，并向纵深发展。纤维根主要分布在30厘米深的土层内，少数深达1米以上。

2. 柴根　又称粗根、梗根、牛蒡根，根长30厘米左右，粗0.2～1厘米。柴根是由于受到不良气候条件（如低温多雨）和土壤条件（如氮肥施得过多，而磷、钾肥施得过少）等的影响，使根内组织发生变化，中途停止加粗而形成的。柴根徒耗养分，无利用价值，应防止其发生。

3. 块根　也叫贮藏根，是一种变态的根，它就是供人们加工、食用的薯块。甘薯块根既是贮藏养分的器官，又是重要的繁殖器官。块根是蔓节上比较粗大的不定根，在肥、水、温等条件适宜的情况下长成的。因为块根是由不定根形成，所以甘薯每株可形成多个块根，这个特点有利于产量的提高。甘薯块根主要分布在5～25厘米深的土层中，很少在30厘米以下的土层产生。单株甘薯的结薯数、薯块大小都与品种特性和栽培条件相关。块根形状通常有纺锤形、块状、圆形、圆筒形等几种。块根形状虽属品种特性，但亦随土壤及栽培条件发生变化。甘薯皮色由周皮中的色素决定，有白、黄、红、紫等几种基本颜色（图30）。而甘薯肉的基本色则是白、黄、红或带有紫晕。薯肉肉色的浓淡受到胡萝卜素含量的影响。块根里含有乳汁，俗称白浆。

图30　不同颜色的甘薯块根

二、甘薯块根的分化

将薯苗扦插入土后，薯苗上早已分化完成的幼根原基随即开始发育成幼根。最初，它们无论在外部形态或内部构造上都没有区别，但在一定的条件下，甘薯的一部分幼根经过一系列的组织分化过程最终形成了块根。通过观察发现，由幼根发育成为块根，大致可以划分出两个重要时期：一是块根的形成时期，二是块根的肥大时期。这两个时期前后衔接、缺一不可：块根形成后如果不能很好地肥大就不能成为有用的薯块；若是没有前期的形成也就更没有后期的肥大。因此，只有让块根在最适宜的条件下良好地形成和肥大，才能达到多结薯、结大薯的增产目的。

（一）块根的形成

块根形成期（结薯期）是在薯苗扦插后生长初期开始的，生产中单株甘薯结薯数的多寡在生长前期就已大致固定。在幼根发育的初期，内部初生形成层活动的强弱是决定插蔓幼根发育为组织根、块根或牛蒡根的一个重要条件，而决定幼根发育方向的另一内在组织分化条件是中柱细胞木质化程度。

在扦插后插蔓的发根初期，初生形成层活动力很弱，并且中柱细胞木质化，导致不能发生次生形成层，根的直径一直不能加粗。即便初生形成层的活动程度大，分裂出许多细胞，但细胞木质化迅速，从而不能出现次生形成层，也不能进一步肥大。

发根初期，初生形成层活动力很强，而中柱细胞木质化程度较小，导致次生形成层的发生，并主要由次生形成层活动产生大量次生组织，诸如薄壁细胞、次生木质部、次生韧皮部等，能继续肥大。块根形成以后，初生形成层虽仍继续进行活动，但次生形成层开始出现，随之进入块根的肥大时期。

（二）块根膨大

块根的膨大主要是次生形成层活动的结果。在块根膨大的过程中，主要是形成层的分裂活动使细胞数目不断增加。在块根肥大时期，随着中柱组织内部的膨大，最初是由皮层的薄壁细胞分裂而产生周皮，但不久就会被破坏，最后由中柱鞘细胞产生木栓形成层，并由此产生木栓组织，此即为膨大后块根的"薯皮"。所以，在块根膨大后，原来的表皮、皮层及内皮都已消失。膨大后的块根最外部为周皮和初生形成层圈，内部却为薄壁组织和在其间不规则分布的次生形成层。从数量上看，膨大块根的主要组成部分为形成层所分生出的薄壁组织，在薄壁细胞中贮藏着丰富的淀粉、维生素等营养物质，是人们食用的主要部分。在膨大期，如果外界环境条件不适合，形成层的活动会暂时中止，块根暂时停止肥大，等到条件好转，形成层又可以重新发生和开始活动，块根重新膨大。因此，甘薯的抗逆力远强于其他谷类作物，甘薯块根发育并无一定的成熟期，增产潜力大。

在单薯产量上，形成层的活动决定着已形成的块根的大小。形成层活动越激烈、活动时期越长，膨大的程度也就越好、单薯产量越高。而形成层的活动程度以及活动期长短则大大地很大程度上受外界环境条件的影响。即使同一个块根，由于根的不同部位所处条件不同，也会导致次生形成层分布不规则和形成层活动程度的不均衡，这些会致使块根表面不平整。在活动旺盛的部位，膨大增厚程度大，表面凸出。在甘薯田中，靠近田垄侧边的甘薯薯面通常隆凸，靠近田垄垄心的薯块侧面通常内陷，这也证明了垄侧条件比垄心更适宜薯块形成层的活动。

第二节　甘薯茎叶

一、甘薯茎的形态及功能

（一）茎的形态

茎是植物的营养器官之一，是连接叶和根的轴状结构，茎一般生长在地面以上，茎上生着叶。茎具节与节间，其上可着生叶、花、果实和种子，顶端具芽，茎可形成分枝。

甘薯茎为蔓生型（图31），茎秆支持力量弱，一般匍匐于地面生长，植株矮小，以适应外界环境，使叶在空间展开，尽可能充分接受阳光，进行光合作用，制造营养物质。甘薯的茎通常叫做薯蔓或薯藤，茎和茎节有绿色、紫色、绿带紫、褐色等。茎上着生叶和芽的位置叫节，两节之间的部分为节间，节部能发生分枝和不定根，茎节两侧的不定根原基，栽插入土后即延展生长，故能利用薯蔓栽插繁殖。

甘薯的茎通常呈现平卧或上升的状态，根据茎蔓的长度不同，甘薯的株形有疏散型、中间型和重叠型三种类型。不同品

图31　甘薯茎的形态

种的甘薯茎的长度差别很大，长蔓类型长达2～3米，3.5米以上的茎为特长类型，短蔓的长度在1米以内，甘薯的茎粗一般为0.4～0.8厘米，0.4厘米以下为细，0.6厘米以上为粗。在甘薯生长过程中，温度、光照、相对湿度、土壤肥力、栽插期和种植密度对茎长也有很大影响，但最主要的还是由遗传因素决定。

甘薯苗期主蔓最先伸长，主蔓的叶腋形成腋芽，腋芽伸长形成分枝。一般每株甘薯分枝7～20个，长蔓型品种的分枝能力较弱，分枝数少；短蔓型品种的分枝能力较强，分枝数多；肥水条件好的分枝多，反之则分枝少。开始时主蔓生长较快，以后早期的分枝生长速度往往超过主蔓。因此，封垄后测定薯蔓长度时通常以最长蔓为对象。茎的皮层分布有乳管，能分泌白色浆汁，剪苗时浆汁多，表明薯苗营养较丰富，生命力较强，可作为判断薯苗质量的指标之一。

（二）茎的功能

甘薯茎的主要功能是运输、支持、储藏和繁殖。

茎的输导作用和支持作用与它的结构紧密相连。甘薯茎的初生结构可以分为表皮、皮层和维管柱三个部分。表皮是保护组织，负责内外气体的交换。皮层位于表皮内，维管柱位于皮层以内，是茎内储藏营养物质的组织，依靠茎的维管组织中的导管和筛管，把根所吸收的水分和无机盐以及根合成或贮藏的营养物质输送到地上各部分，同时又将叶所制造的光合产物运输到根、花、果实、种子各部分去利用或贮藏。

茎的输导作用把植物体各部分的活动联成一整体。茎是植物的中轴，不仅担负着庞大的枝叶和大量花果的全部重量，同时还要抵抗气候变化时所增加的外界力量，这主要靠的是分布在茎基本组织和维管组织中的机械组织，特别是纤维和石细胞，这种组织犹如建筑物中的钢筋混凝土骨架；此外，木质部中的导管、管胞也起着辅助的支持作用。

茎的支持作用，使叶在空间保持适当的位置，充分接受阳光而有利于光合作用和蒸腾作用，并使花在枝条上更好地开放而有利于传粉、果实和种子的发育、成熟和传播。

甘薯的茎还有贮藏和繁殖的作用。茎基本组织的薄壁组织中贮藏着大量的物质。甘薯常借助匍匐茎进行营养繁殖，当茎节与土壤接触后，即可由节上发生不定根和新芽产生新的植株。

二、甘薯叶的形态及功能

（一）叶的形态

植物的叶一般由叶片、叶柄和托叶三部分组成。甘薯的叶是单叶，且只有叶片、叶柄，没有托叶，属于不完全叶。

1.**叶片**　叶片是植物的光合作用器官，担负着制造有机养分的重要任务，甘薯叶的寿命一般为30～50天，最长的可达80天以上。叶的形态和构造受环境条件影响很大，在荫蔽、光照不足的条件下，叶片一般大而薄、气孔较少，叶脉分布较稀疏，机械组织也少；在氮肥或有机肥充足时，叶片肥大；干旱少肥时，叶片瘦小，叶缘缺刻明显。甘薯叶片互生，以2/5叶序在茎上呈螺旋状交互排列，且形状多样，即同一株甘薯的叶形也有差别，基本分为心形叶、戟形叶和掌状叶（图32）。叶片边缘有全缘、带齿、浅或深单复缺刻，叶片3、5、7裂，叶的颜色有浓淡不等的绿色、褐色和紫色；顶叶的颜色有淡绿、绿、褐、紫色等，以上这些可以作为鉴别甘薯品种的特征。

2.**叶柄**　叶柄位于叶片的基部，连接叶片和茎，是二者之间物质交换的通道，并且能支持叶片并通过自身的长短和扭曲使叶片处于光合作用有利的位置。甘薯叶柄支撑叶片向外伸展，一般叶柄长度为3.0～25.0厘米，直径0.3厘米左右，叶柄的长度因品种及栽培条件而异，在肥力较高水平下，可以长到60厘米长、0.6厘米粗，每片叶的叶柄呈螺旋状排列在茎节上。一般甘薯产区有将叶柄撕皮后当炒菜食用的习惯，其中南京市农业科学研究所选育的南京0511节间短、叶柄生长密集而粗壮，数量为常用品种的2～3倍；江苏徐淮地区徐州农业科学研究所培育的薯绿1号，顶叶、叶脉、叶片、茎都是绿色的，是一种能耐高温高湿、嫩茎芽可食用的甘薯品种；江苏省农业科学院粮食所的翠绿、河南省商丘市农林科学院培育品种商薯19的叶柄都较粗壮，适合于撕皮炒菜食用。

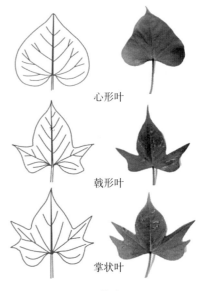

心形叶

戟形叶

掌状叶

图32　甘薯叶的形态

　　甘薯叶的叶脉颜色有绿、主脉紫、全紫的区别，叶片基部和叶柄基部有绿色和紫色两种。

（二）叶的功能

　　叶是种子植物制造有机养料的重要器官，是植物进行光合作用的主要场所。甘薯叶营养丰富，翠绿鲜嫩，香滑爽口，其大部分营养物质含量都比菠菜、芹菜、胡萝卜、黄瓜等高，特别是类胡萝卜素比普通胡萝卜高3倍。近年来，在欧美、日本等地掀起一股"番薯叶热"。用甘薯叶制作的食品，摆上了酒店、饭馆的餐桌。

第三节　甘薯花、果实、种子

一、甘薯花的形态特征和开花习性

　　甘薯在发育到一定阶段时，会在藤茎上孕育花原基并发育成花。在甘薯的个体发育中，甘薯花的分化也标志着植物从营养生长转入生殖生长，但甘薯花和果实的作用并不大，尤其对于日常农业生产来说。花开所需的营养也会对块根造成一定影响，所以在种植甘薯时，若非必要，可以选择一些不开花的甘薯品种。

（一）甘薯花的形态特征

甘薯的花一般是单生或由数朵至数十朵丛集成聚伞花序，形状似牵牛花，花型较小，为两性花，生于叶腋和茎顶。甘薯花柄也可称为花梗，是花和茎间相连的通道，内部结构与茎相同，可以将花展布于一定的空间位置。

1.**花托** 花托是位于花柄的顶端，略微膨大，也是花萼、花冠、雄蕊和雌蕊的着生部位，在果实发育过程中起促进作用（图33）。

2.**花被** 花被是花萼和花冠的总称。甘薯是属于两被花，即既有花萼也有花冠。甘薯花萼有5裂，长约1厘米，有保护花蕾、幼果和进行光合作用的功能。甘薯花冠由5个花瓣联合呈漏斗状，直径和花筒长2.5～3.5厘米，蕾期卷旋，结构上多由薄壁细胞组成，并含有花青素，一般呈淡红色，也有紫色和白色的。花冠除了可以保护内部幼小雄蕊和雌蕊外，还可以招引昆虫进行传粉（图33）。

3.**雄蕊** 甘薯雄蕊由花药和花丝两部分组成，共有5个，长短不一，其中2个较长，都着生在花冠基部。花粉囊2室，呈纵裂状，成熟时色鲜黄，其中含有花粉，花粉呈圆球形，乳白色，表面有许多对称排列的乳头状突起。花粉粒直径为0.09～0.1毫米（图33）。

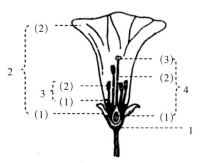

图33 甘薯花的剖面
1.花托 2.花被：(1) 花萼 (2) 花冠
3.雄蕊：(1) 花丝 (2) 花药
4.雌蕊：(1) 子房 (2) 花柱 (3) 柱头

4.雌蕊 甘薯每朵花有雌蕊一枚,雌蕊包括柱头、花柱和子房三部分(图33)。柱头多呈球状2裂,少数呈3裂,上面也有许多乳头状突起。花柱细长。子房为卵圆形,分为2室,由假隔膜分为4室。子房上位。在子房周围生有橘黄色蜜腺,能分泌蜜汁吸引昆虫传粉。

甘薯属显花植物,一般在晴暖天气早晨开放,下午花冠闭合凋萎,温度低时开花时间推迟。开花习性受品种和环境条件影响很大。

为什么生产上看不到甘薯开花?

在我国北纬23°以南地区,如广东、海南、福建和台湾省等南部地区,气温高,日照时间短,能够自然开花。北方气温较低,日照时间长,除少数品种能自然开花以外,绝大多数品种不能开花。这也解释了为什么在生产上一般看不到甘薯开花。但部分品种,由于对日照反应敏感,即使在广东省、海南岛等亚热带及热带地区也不易自然开花。如北京553、华北117、夹沟大紫等品种即使在广东省湛江一带(北纬22°)日照较短的条件下,平均每株开花也只有0.2~0.3朵。北方地区由于生育期间日照较长,绝大多数品种不能自然开花,即使有些植株在自然条件下开花,往往花朵脱落,不易结实。因此,要在北方进行甘薯杂交育种,应采取人工短日照处理或嫁接等方法进行诱导。当然,一些对日照长短反应不敏感的品种,如石家庄351、石家庄1707、农大红等也能在北方地区自然条件下开花结实。这说明不同品种对日照反应有很大的差别。

(二)甘薯开花的时间和顺序

一般品种的甘薯在现蕾后20~30天开花。根据在山东省福山县的观察结果，甘薯的花在7—8月气温较高时，在清晨5时左右开放；9月气温逐渐下降，开放时间较晚；10月初气温低，需在6～8时开放；至10月中下旬，已不能正常开花。甘薯的开花顺序从植株部位来说是由下而上，由内而外；从花序部位来说是由花序主轴至第一对侧枝、第二对侧枝、第三对测枝等顺序左右交互开放，每朵花在当天中午开始凋萎，至次日清晨花冠脱落。

二、甘薯果实和种子

甘薯通常在授粉后3～4天子房开始膨大，30天左右蒴果与种子达到成熟。一般平均气温在25℃以上时，从授粉到种子成熟只需20～28天，当平均气温降到25℃以下时，需要30天左右，气温降到20℃左右时，需延长到40～60天。因此，杂交授粉最宜在7—9月间进行，有利于种子成熟，如延至10月授粉，由于气温降低，一方面花朵发育不良，影响授粉结实；另一方面晚期授粉，种子成熟慢，气温低影响种子的正常成熟。

（一）甘薯的果实

1. **甘薯果实的形态特征**　甘薯的果实和牵牛花果实相同，是由雌蕊的心皮合生的子房长成的蒴果，直径4～8毫米，幼嫩时呈绿褐色或紫红色，成熟时果柄枯萎，果皮呈枯黄色。果实成熟后极易燥裂，种子容易脱落。每一蒴果内含有1～4粒种子，以2粒居多。一个蒴果长1粒种子的形状多半近球形；一个蒴果长2粒种子的近似半球形；一个蒴果长3或4粒种子的呈不规则多角形（图34）。

图34　甘薯蒴果

2. 甘薯的结实特性　　甘薯是一种典型的异花授粉作物，同一朵花的花粉落在柱头上一般不能受精结实。而花药在开花前一天的下午3时左右，开始开裂，如天气晴朗约于开花当天上午10时左右花粉全部散落，柱头至傍晚枯萎，夜间脱落。所以甘薯授粉适宜时间在开花的当天上午5～11时进行，结实率较高，而11时后授粉结实率会显著下降。甘薯花又是一种虫媒花，主要靠昆虫传粉，在缺乏虫源的条件下，往往会失去受精的机会，以致不能结实。所以，在生产中，也经常见到只开花而不结实的现象。

（二）甘薯的种子

甘薯种子的籽粒较小，直径约3毫米，千粒重20克左右。种皮为淡褐色或深黑色，坚硬较厚，表面附有角质层，不易透水，发芽比较困难，一般不用于生产，多用于选育新品种（图35）。

图35　甘薯的果实和种子

为什么生产上不使用种子？

甘薯经昆虫传粉，天然杂交后，可获得种子，杂交种子也可进行实生繁殖。但在应用种子繁殖时，一方面在播种前必须采取物理或化学的方法，非常复杂，如事前要割破或擦伤种皮，或用浓硫酸浸种20分钟，将其冲洗净后再放在温水里催芽等，来破坏种皮隔离层，促使种子充分吸收水分、氧气，才可以加速种子生根发芽。甘薯的种子没有休眠期，因此成熟后即可播种。子叶张开时，双裂片呈凹字形。幼苗出土20天内可长出3～5片真叶，呈甘薯叶形。另一方面，甘薯又是异花授粉作物，花期长，种子成熟期也非常不一致，遗传基础复杂，其杂交种子培植的实生苗后代具有高度的性状分离，群体变异甚大，大多不能保持原种或其杂交亲本的特性，用种子繁殖的后代群体性状很不一致，不能保持原来品种的特性，产量较低。所以，在生产上，通常不用有性繁殖法，只在杂交育种时应用。

（李宗芸 孙健英 董婷婷 等）

主要参考文献

李曙轩，寿诚学，1956.甘薯块根的发育形态[J].植物生态学报 (2):207-221.

裴昭峯，1960.甘薯块根的形成[J].生物学通报 (7):3-6.

任秀娟，欧行奇，杨梅，2005.甘薯茎尖营养成分分析[J].安徽农业科学，33 (12):2349.

王庆南，俞春涛，戎新祥，2008.特色甘薯[M].南京:江苏科学技术出版社.

王一晶，2013.甘薯的栽植与管理[J].吉林农业 (5):27-27.

吴银亮，王红霞，杨俊，等，2017.甘薯储藏根形成及其调控机制研究进展[J].植物生理学报 (5):749-757.

席利莎，孙红男，木泰华，2015.甘薯茎叶多酚的体外抗氧化活性与加工稳定性研究[J].中国食品学报，15 (10):148-151.

杨显斌，2010.叶菜型甘薯茎尖的主要营养及其生理保健功能[J].农业科学，33:137-138.

张超凡，2011.甘薯栽培与加工实用技术[M].长沙:中南大学出版社.

张立明，王庆美，张海燕，2015.山东甘薯资源与品种[M].北京:中国农业科学技术出版社.

第五章

甘薯的一生

甘薯是多年生草本植物，完整的生命周期包括发根、茎叶生长、薯块膨大、开花结果、种子成熟等。生产上多是利用甘薯的秧苗或薯块进行无性繁殖，这里所说的甘薯的一生是指从育苗、大田生长到收获贮藏的三个过程。

育苗，即在移栽到大田之前，修建各种形式的苗床，将薯块排列在苗床内催芽，繁殖出薯苗，以此来提高繁殖系数，增加苗量。育苗是获得高产的必要手段。

大田生长，指从薯苗移栽至大田成活到收获的过程，其时间的长短取决于当地的气候条件和种植制度。在大田栽培中，甘薯不像种子作物一样具有明显的生育期，但在不同时期，甘薯各器官的发育各有主次、各有中心。一般来说，甘薯的大田生长过程又可分为发根分枝结薯期、蔓薯并长期和薯块盛长期三个阶段。但这三个阶段相互交替，没有明显的时间分割，不同品种、地区、气候及栽培条件下的阶段划分也不是固定的。在甘薯的不同生长阶段运用适当的农艺措施，为甘薯的生长发育创造有利的环境是大田生长阶段的管理目标。

甘薯的生长主要受温度制约，在温度下降到10℃以下即停止生长，7℃以下就会遭受冷害，0～2℃则会遭受冻害，因此北方地区在霜降前就要将甘薯收获并进行贮藏。贮藏也是甘薯生产的重要环节，贮藏保鲜可以极大提高甘薯的市场价值，同时还可为次年育苗提供高品质的种薯。加强管理，改善贮藏条件是提高甘薯收益的保证。

育好壮苗是甘薯获得高产的先决条件，同时，良好的田间管理既是高产的前提，又为贮藏和次年育苗提供保障。因此育苗、大田生长和收获贮藏三个过程是紧密联系的统一体，也是相互促进、相辅相成的，任何一个环节管理不到位，都会影响甘薯的产量及收益。

第一节 苗 期

对于很多作物来说，生长期的长短会直接影响其产量。甘薯也是如此，生长期越长，其产量也相对越高。但由于气候和轮作时期等条件的制约，甘薯在田间的生长期往往受到限制。为突破这种限制，应在甘薯移栽至大田之前，将种薯集中起来，人为创造适于薯块出苗的条件，在早春低温条件下即进行育苗，待气温上升后立即采苗移栽，从而延长甘薯的生长期，达到增加产量的目的（图36，图37）。因此，甘薯的一生是从种薯发芽出苗开始的。

完善的育苗技术是保证甘薯高产的前提。甘薯育苗过程中需要在温度、光照、水分、肥料和空气等方面达到薯苗生长需求。

图36 大棚育苗——排种、覆土、浇水、小拱棚

图37 育苗期田间管理——除草、浇水、通风炼苗等

一、温度和光照需求

温度是薯苗生长的关键条件。温度高于16℃甘薯才可出苗，在其他条件适宜的情况下，16～35℃范围内，温度越高，越有利于甘薯出苗。不同育苗时期对温度的要求也不同，整体的原则为"高温催芽，平温长苗，降温炼苗"。在种薯排种后的3～4天，温度应该适当提高，宜保持在32～35℃，促使幼芽萌动，同时促进种薯伤口愈合，预防病害。在生产中可采用电热线增温、火炕增温、酿热温床增温、塑料薄膜覆盖增温等手段使苗床温度达到幼芽生长的需求。在幼芽出土以后，温度过低会导致其生长缓慢，过高则薯苗细长，不够粗壮，因此温度应控制在30℃左右，不应低于25℃。在薯苗即将成苗时，为保证薯苗移栽后的成活率，应将温度降低至25℃左右，以此来提高薯苗抗逆能力。

在出苗之前，光照的强弱是影响苗床温度的主要因素。较强的光照可以快速提高苗床温度，从而促进薯块生根、出苗。苗床出苗以后，充足的光照是薯苗进行光合作用、积累有机物质的重要保证，光照不充分会导致薯苗叶片发黄，苗质较差。在育苗过程中，要充分利用光照调节苗床温度，提高薯苗抗逆性。对于使用塑料薄膜的苗床来说，还应注意防止强烈光照导致过高的温度，对幼苗产生灼伤等影响。在生产中可在早晨8～9时打开草苫让幼苗见光，中午阳光强烈时用草苫适当遮挡阳光。

二、水分需求

苗床中充足的水分是根、芽分化和生长的重要条件，也是调节苗床温度的关键因素。在苗床水分不足时，薯苗生长缓慢、不够粗壮，影响出苗质量。在苗床温度适宜的情况下，适当提高床土湿度有利于促进发芽、增加苗数。但如果过量浇水，床土湿度过高，则会引起土壤缺氧，不利于生根发芽，甚至导致薯块腐烂。在出苗后，随着薯苗的生长，叶片的蒸腾作用也增强，需水量也明显增多，需要及时灌溉补充水分。总体来说，床土的相对湿度宜保持在80%左右。另外，水分和温度可以相互作用，在高温时可以增加灌溉次数和水量，在温度较低时则可以降低水量。

在实际生产中，可根据薯苗生长需要及苗床耗水情况判断苗床水分状况。在苗床水分适宜的情况下，薯苗生长整齐一致，茎粗节短，叶片肥厚，苗不冒尖，叶色浓绿且有光泽，苗基部可见根点，且下部小苗生长正常。如苗床水分不足，则薯苗生长不整齐，苗矮尖短，叶片无光泽，中午会发生萎蔫，基部白根变黄褐色而发干。在苗床水分过多时，薯苗柔嫩纤长，苗尖参差不齐，叶片薄而大，茎叶颜色淡绿，且苗基部会长出气生根，底部小苗细弱，呈黄白色。在种薯萌芽阶段，薯苗尚未出土，苗床耗水量较少，因此除在排种后大量浇水外，出苗前可少浇或不浇水。出苗后则应适当增加浇水量，一般在齐苗后灌溉一次，采苗后再次灌溉。

三、肥料和空气需求

在排种后至出苗前，薯块在苗床中发芽、生根所需要的养分主要来自于薯块本身。在苗床出苗后，薯苗生长所需要的养分除来自薯块供应外，还需要通过根系吸收苗床土壤中的养分。因此在育苗过程中，要施足基肥，同时要适时追加氮肥，以满足茎叶生长的需要。一般在剪苗后开始追肥，追肥的种类可选择氮素化肥及人粪尿、鸡粪、饼肥等有机肥，可采用撒施或兑水冲施的方法施用。

像人和动物一样，薯块也需要通过呼吸作用来获取能量。当氧气含量不足时，薯块的呼吸作用受阻，薯苗生长会迟滞，严重时则会引起厌氧呼吸，从而产生酒精，对薯块有毒害作用。因此，在育苗过程中要及时通风，在使用塑料薄膜和育苗大棚的情况下尤为需要注意。生产中一般在早晨8～9时打开通气口或苗床的塑料薄膜进行通气。在环境温度较低时一般在中午期间进行通气，以防苗床出现剧烈的温度变化，影响出苗或薯苗生长。

第二节　发根分枝结薯期

在苗床采苗后要及时移栽到大田。移栽后，地上部茎叶逐渐缓苗，秧苗各节开始发根，从此幼苗开始独立生长，甘薯的生命也步入了一个新的环境和阶段（图38）。

甘薯生长初期以根系生长为主，在移栽后2～5天，薯苗开始发根；

图38　发根分枝结薯期

春薯在移栽后约30天，甘薯的根系基本形成；夏薯发育较快，在移栽后15～20天根系基本形成。这个阶段甘薯生长的根数已占整个生长期的70%～90%，须根长度可达30～50厘米。在移栽后25天左右，甘薯的吸收根就开始分化为薯块并进行膨大，一般此时甘薯薯块的数目已基本确定。

在根系基本长成时，地上部茎叶也开始缓慢生长。此时叶片数占全生长期最高绿叶数的10%～20%，叶色较绿且厚，叶腋已开始萌发出小腋芽。随着植株生长，腋芽开始逐渐抽出分枝，至发根分枝结薯期结束时分枝数可达整个生长期的80%～90%。大多数品种的分枝与主蔓一起长成植株的主体，主蔓开始甩蔓，逐步覆盖地面，这个过程即是所谓的团棵和封垄。

发根分枝结薯期的营养物质主要分配到地上部分，春甘薯整个时期一般需要70天左右的时间；夏甘薯则只需35天左右。发根分枝结薯期是甘薯生长前期，是后期产量形成的基础，在生产中要注意该时期甘薯对土壤、水分和养分的需求。

一、选择适宜土壤

土层深厚有利于促进植株生长发育，保持水分，提高产量。甘薯属于典型的旱作作物，其根系约有80%分布在30厘米以内的土层，耕层深度以25～30厘米为宜。如要获得高产，甘薯田除需土层深厚外，还要求土质疏松、通气良好，质地为沙壤土或壤土，pH应在5～8之间。土层疏松，有利于发根分枝以及结薯期根系的生长；土壤通气性好，也有利于土壤微生物活动，加快养分的分解，供根系吸收。沙土地有利于淀粉和糖分的积累，甘薯品质好，但由于其保水保肥能力差，需要增施肥料。在较黏重的轻壤土上则建议覆盖地膜，可保持垄土疏松，也能保证甘薯高产。

二、及时灌溉、中耕保证前期生长

发根分枝结薯期由于植株尚未长大，其需水量不多，占整个生长期的20％～30％，但这个时期却是甘薯一生中对水分相对敏感的时期，土壤干旱（土壤含水量低于田间持水量的50％），幼苗则不易成活，也会导致结薯较少且迟缓，易形成柴根。因此，移栽时应避开烈日照晒，应选择下午或傍晚进行，为幼苗创造适宜的缓苗环境，避免水分蒸发过快导致死苗。土壤较干旱的情况下需及时浇定植水。

在甘薯开始分枝结薯时，气温也逐渐回升，且光照充足，土壤水分的蒸发也会加快。尤其在北方薯区，春薯分枝结薯时常处于春旱期，如不对水分进行补充，会影响到甘薯的正常生长。因此，对于春薯来说，适时灌溉是这个阶段的重要管理措施。有灌溉条件的地区可安装滴灌带，实现节水灌溉，还可实施水肥一体化技术，节水节肥。由于夏薯在分枝结薯时大多数地区已进入雨季，土壤水分条件可以满足甘薯生长，因此一般不需要灌水。

中耕的作用在于疏松土壤，增加土壤透气性，截断土壤中的毛细管，减少蒸发，积蓄雨水，抗旱保墒。在发根分枝结薯期，中耕是十分必要的农艺措施，封垄后中耕则不便进行。缓苗后的第一次中耕，除草要干净，由于此阶段根系延伸扩展面较大，较深的中耕容易伤根，因此要细锄、浅锄，一般在3厘米以内，有条件的可采用中耕除草机。

南方薯区有中耕除草结合追肥的习惯，长江中下游及北方薯区一般很少进行中耕除草。

三、施足基肥，及时追肥

氮素是叶绿素、原生质和蛋白质的主要组成成分，是形成器官的重要元素。在甘薯生长前期，主要以茎叶生长为主，充足的氮素供应是甘薯地上部正常生长的保证。当氮肥供应不足时，甘薯会表现出茎叶生长缓慢、叶片小、叶片颜色淡和老叶发黄等现象。然而当氮素供应过多时，也容易引起甘薯茎叶生长过旺而导致减产。因此，不同的土壤肥力水平下，氮肥的施用也应区别对待：在土壤肥力较为贫瘠的地块，施基肥时要施足氮肥，以保证发根分枝结薯期一定的分枝数目，使植株早发棵、早甩蔓；在土壤肥力较高的地块，施基肥时则要少施或不施氮肥，以防止甘薯地上部茎叶徒长。

在北方及长江中下游薯麦轮作种植条件下，由于小麦施肥较多，甘薯季一般施肥较少、也不需要追肥。

在土壤贫瘠的产区及南方雨水较多的地区，一般需要进行追肥。追肥一般应在封垄前进行。在甘薯开始分枝结薯时，地下根网形成，养分吸收能力增强，为提高叶片光合效率，促进薯块发育，对贫瘠的土壤需要追施壮株催薯肥。壮株催薯肥必须早施，才能达到快长稳长的效果，且不易造成茎叶徒长。北方宜在移栽后30～40天追施，南方甘薯生育期较长的地区一般在移栽后50天左右施用。壮株催薯肥的施用量因栽种地区、长势而异，长势差的施用量高，一般每亩施用氮素化肥10千克；长势较好的可少施。如基肥和提苗肥施用氮肥较多，则此次施用应以磷、钾肥为主。

第三节　蔓薯并长期

甘薯在完成发根分枝结薯后，薯蔓逐渐覆盖满垄面，茎叶生长达到高峰，叶面积逐渐达到最大值，薯块也开始膨大，这个阶段称为蔓薯并长期（图39）。春薯的蔓薯并长期一般在移栽后60～110天，夏薯则一般在40～70天。在这个阶段，甘薯生长的中心首先是茎叶，茎叶迅速生长达到高峰，

图39 薯蔓并长期

甘薯整个生长期60%的茎叶重量都是在这个阶段生长的；甘薯的分枝生长也开始加快，有些分枝的蔓长可以超过主蔓。此时期叶片和茎蔓迅速生长的同时，黄叶数也逐步增加，然后与新生叶片进行新老交替，部分分枝也开始枯死。在甘薯茎叶生长达到高峰后，薯块膨大的速度也开始加快，甘薯生长中心由茎叶逐渐向薯块转移，这个时期积累的薯块产量可以达到收获时总产量的30%～50%。

薯蔓并长期甘薯的地上部和地下部同时快速生长，在这一时期管理上要着重调控地上部和地下部长势的平衡。高产田要防止茎叶徒长的发生。当茎叶发生徒长时，上层叶片虽然浓绿，但节长柄长，下层黄叶、落叶、烂叶增多，养分过多用于茎叶的交替生长，会造成秧大薯小而减产。因此这一时期高产田管理上要"控上促下"，以达到地上茎叶不疯长，地下薯块正常膨大的目的。对于土壤肥力较低的田块，则要适当补充肥水，做到"控中有促"。

一、排水防涝，保证土壤通气性

蔓薯并长期甘薯的茎叶生长迅速，叶面积显著增大，同时气温升高，蒸腾作用强烈，需水量较之前时期有明显提升，可达到甘薯生长期总耗水量的40%～45%，每公顷昼夜耗水量可达75～80米³。虽然此阶段甘薯耗水量最高，但甘薯耐旱怕涝，且此时期大多数地区正值高温多雨季节，土壤水分过多，反而会使氧气供应困难，影响薯块的膨大，导致薯块发生硬心，严重影响品质。因此在这个阶段应注重及时排水防涝，增加土壤

通透性，土壤相对含水量应保持在70%～80%。

二、追施"催薯肥"

钾素能促进根系发育，增强根系对氮和其他元素的吸收，加速细胞分裂，有利于块根的膨大。在甘薯生长中后期，钾素的作用更大，能提高糖类的合成及运转能力。因此在蔓薯并长期，追肥应以钾肥为主，此时过多施氮反而会对薯块膨大产生不利影响。在大多数土壤钾含量较低的地区，生产中可在甘薯移栽后80～100天追"催薯肥"，即施用钾肥，以此增加叶片中的含钾量，延长叶龄，提高光合效能，促进营养物质由茎叶向薯块中转运。如追施硫酸钾，每公顷用量以90～150千克为宜；如追施草木灰，每公顷的用量为1 500～2 250千克。需要注意的是草木灰不可与氮、磷肥料混合施用。

三、保护茎叶，不进行翻蔓

在一些老薯区，农民种植甘薯有翻蔓的习惯，他们认为翻蔓可以降低土壤水分，防止茎蔓气生根消耗土壤养分，还可以控制旺长。也有人认为翻蔓可以促进营养物质由茎叶向薯块转运，达到增产的效果。而经过各地科研机构多年的研究证明，不论在何种土壤类型、地区、品种和种植模式下，翻蔓均会导致甘薯减产10%～20%，且翻蔓次数越多减产幅度越大。蔓薯并长期是甘薯生长的关键时期，在此阶段进行翻蔓，对后期薯块膨大和产量形成极为不利。在生产中不建议进行翻蔓的原因有以下三点。

1.**翻蔓损伤大量茎叶，影响营养物质的制造** 甘薯的叶片是制造营养物质的工厂，是甘薯产量的来源，在一定程度上可以认为，充足的茎叶是甘薯高产的保证。因此，保证茎叶的正常生长，防止叶片受损是提高产量的关键。翻蔓过程会导致大量茎叶折损，对营养物质的形成和转运不利。

2.**破坏了叶片的均匀分布** 甘薯茎蔓是匍匐在地面上生长的，由于叶片是向光生长，至蔓薯并长期，叶片已经较为均匀地铺满地面，对于光的利用也最为合理。此时若进行翻蔓，会打破之前叶片的合理分布，导致叶片重叠在一起，不利于对阳光的利用。科研人员研究发现，翻蔓会导致甘薯的光利用效率降低28%～35%。另外，翻蔓后，甘薯茎叶还会进行重新分布，这个过程也会浪费一定的能量和营养物质，不利于甘薯产量的形成。

3.**改变了养分的正常分配** 翻蔓导致了大量的茎叶损伤，甘薯的再生能力强，会再进行发芽、分枝，长出新蔓新叶。由于进行翻蔓，原本可以转运到薯块中的养分会用于新茎叶的生长，因此影响了养分的正常分配，造成减产。

第四节 薯块盛长期

在甘薯生长的后期，地上部茎叶生长逐渐变缓直至停止，甘薯生长的中心转向薯块膨大，这个时期称为薯块盛长期（图40）。春薯的薯块盛长期在移栽后的90～160天，夏薯在移栽后的70～130天。在这个时期，叶色由绿色变为淡绿，再转为黄色，薯块的膨大速度加快，营养物质累积快且多，薯块重量的增加占收获薯重的50%～70%。这个阶段如果土壤养分供应不充分，则茎叶会出现早衰现象；如果肥水供应过多，则叶色常绿不褪，出现"贪青旺长"现象。因此，这个阶段的管理要求是控制茎叶不早衰，延长茎叶功能期，同时促进薯块膨大。

图40 薯块盛长期

一、抗旱防涝，避免早衰

薯块盛长期茎叶生长缓慢，薯块膨大迅速，耗水量较甘薯生长中期减少，此阶段耗水量占全生长期总量的30%～35%，每公顷昼夜耗水量一般在30米³左右。虽然薯块盛长期已是甘薯生长后期，但水分管理依然关键。这个阶段如果水分供应不足，甘薯植株易出现早衰，块根膨大减缓，甚至会过早结束营养物质的累积过程，造成减产；但如果土壤湿度过大，会造成土壤通气性不足，影响薯块正常的呼吸作用。

在生产中，薯块盛长期的土壤相对含水量宜保持在60%～70%，既可以使叶部生理机能不致早衰，同时可为营养物质向薯块转移提供所需的介质。如气象预报会出现秋旱，则应在秋旱前灌水一次，对于保产十分有利。如当年发生秋涝或大量降雨产生涝渍，会使薯块受浸，含水量增加，不利于后期贮藏和晒干，应及时排水防涝。

二、补施磷钾，改善品质

薯块盛长期甘薯对钾素和磷素的需求明显增多，因此为防止茎叶早衰，促进营养物质由地上部分向薯块转移，改善薯块品质，宜在此阶段补施磷、钾肥。在实践中可运用0.3%的磷酸二氢钾溶液对甘薯叶片进行喷施，每亩喷施量为75～100升，每半月喷施一次，共施两次。

在贫瘠的丘陵山区，甘薯生长后期除着重补施钾肥外，为防止早衰，也应保证甘薯生长后期所需的氮素营养充足。在蔓薯并长期长势较差的地块和前期追肥不足的地块，可少量追施裂缝肥，在一定程度上能保证甘薯产量。裂缝肥的施用方法为：将氮素或钾素（如尿素，每公顷35～40千克）以1：100比例兑水形成溶液，顺裂缝灌施。

第五节 收获与贮藏

收获是甘薯大田生产最后一个环节，收获质量的好坏，会直接影响后期的贮藏和加工。贮藏保鲜则是甘薯一生中最后一个阶段。甘薯薯块组织脆嫩，且喜温怕冷，较易遭受病菌侵染和冷害，与其他粮食作物相比更难以贮藏。良好的贮藏管理可实现丰产丰收，为销售和加工提供优质的原料，实现产品增值，也可为来年育苗提供品质良好的种源。

一、适时收获

甘薯是无性繁殖无限生长的植物，如果可获得较高市场收益，则在移栽后90天左右形成商品薯时就可提前收获（图41）。秋季温度下降至15℃以下时薯块不再积累淀粉，如遇上急骤降温天气，不及时收获则会遭遇冷害，不利于贮藏，因此正常收获应在霜降之前进行。在收获顺序上，一般先收春薯，后收夏、秋薯。收获一般选择晴好天气进行，装袋前经过适当的阳光照射有利于甘薯贮藏。

收获时，有人工收获和机械收获两种方式。人工收获费时费力，往往不能保证适时收获，不但影响薯块贮藏品质，还会延误后茬作物的播种。种植面积大、地处平原的地块可以选择机械割蔓、机械收获。割蔓机可将薯蔓就地粉碎还田，薯蔓中残留

图41 甘薯收获

的养分归还土壤后可供下一季作物利用，既节省劳力，又培肥了地力。自动化的甘薯收获机可完成挖掘、升运、分离和放铺等多道工序，再进行人工捡拾装箱。小型收获机的工作效率相当于20～30人刨收，且漏收率和破损率大大低于传统的人工收获方式，在大规模种植甘薯的平原地区，机械化收获的优势尤为突出。在种植面积小的地块或山区，可选择机械收获犁进行收获。

二、消毒入窖

为避免种薯贮藏期间遭受病害，薯块入窖前要进行消毒杀菌处理，具体可采取两种方法。一种是将分装好的薯块浸泡在50%甲基硫菌灵可湿性粉剂或粉锈宁（三唑酮）800～1000倍液中1～2分钟，捞出控干后入窖。第二种方法是将薯块排放好，用50%甲基硫菌灵可湿性粉剂或粉锈宁800～1000倍液从顶部喷洒，直至下部有药液流出。入窖后的薯块可采用散装排放、周转箱排放或网袋排放。薯块的堆积方式会影响窖内的温度，因此在堆放时方法要合理。在没有加热设备的窖内，薯块贮藏数量越少，温度越难保持，堆积高度越低，与空气接触面积较大，散热也较快；堆积成立方体形，薯块较为集中，与空气接触面积小，散热也会减慢。

三、贮藏管理

贮藏期间窖内温度应控制在10～15℃；空气相对湿度控制在85%左右。如入窖前窖内湿度达不到要求，可在入窖前7～10天在窖内喷水提高湿度。窖内氧气含量不应低于15%，二氧化碳含量不高于5%。

入窖初期窖内温度高，薯块呼吸旺盛，会排放出大量水汽、二氧化碳和热量。因此在甘薯入窖的前20～30天，应以通风散热降温为主要管理措施。在具体操作中，可在薯块入窖后即打开所有门窗和通气口，进行通风降温，如遇白天窖外气温也较高时，则要善于利用夜间较低的温度进行降温，当窖内温度降至约14℃时，逐渐关闭通风口。

冬季贮藏期气温下降，应以保温为主。随着气温持续下降，应适时封严所有通气口及窖门，必要时采取增温措施。若湿度较低，则可在薯堆旁喷水增加湿度。值得注意的是，当窖内外温差较大时，窖顶会出现水滴，为防止滴水浸湿薯块，可将草帘或毛毡盖在薯堆上方，并在湿后及时更换。

春季气候转暖，但早春天气多变，且薯块经过长期贮藏，呼吸强度较弱，对不良环境的抵抗能力较差，极易遭受病害。此阶段管理应以稳定窖温、适当通风为主，根据气温变化及时采取措施，在通气散热的同时，也要保持窖内温度。

（张永春 徐聪 张辉 等）

主要参考文献

江苏省农业科学院，1984. 中国甘薯栽培学 [M]．12版.上海：上海科学技术出版社.

李坤培，张启堂，1989.甘薯的栽培贮藏与加工[M].重庆：重庆大学出版社.

冒布厂，徐军，徐宗进，2009．优质甘薯高效栽培技术[M]．南京：东南大学出版社.

任洪志，曾庆涛，司文修，等，2000.甘薯优良品种与高产栽培[M]．郑州：河南科学技术出版社.

袁宝忠，2006.甘薯栽培技术[M]．北京：金盾出版社.

张超凡，2011.甘薯栽培与加工实用技术[M]．长沙：中南大学出版社.

张辉，张永春，宁运旺，等，2012．土壤与肥料对甘薯生长调控的研究进展[J]．土壤通报（4）:995-1000.

张松树，2014.河北省甘薯高产优质生产技术[M].石家庄：河北科学技术出版社.

第六章

中国甘薯种植区划

甘薯在我国种植分布非常广泛，南北种植区跨度从北纬18°左右的海南，到北纬48°的黑龙江省的克山县；海拔高低跨度从海拔较低的沿海平原，到海拔近2 000米的云贵高原，全国各省（直辖市、自治区）几乎均有种植。

我国幅员辽阔，地形复杂，自然条件差异较大，从而形成了不同的生态型品种、不同的栽培制度和不同的种植技术。《中国甘薯栽培学》根据我国气候条件和耕作制度等条件的差异，将全国甘薯生产分为五个生态种植区，即北方春薯区、黄淮流域春夏薯区、长江流域夏薯区、南方夏秋薯区、南方秋冬薯区；为便于栽培技术评价和品种选拔鉴定的组织，将北方春薯区、黄淮流域春夏薯区合并为北方薯区，南方夏秋薯区、南方秋冬薯区合并为南方薯区，一般称为北方薯区、长江流域薯区、南方薯区三大薯区；近年来新疆地区种植面积有所扩大，作者定义其为西北春薯区。

根据农业农村部全国农业技术推广服务中心组织的甘薯产业优势区域规划专家组意见，优势区域带分为北方淀粉用和鲜食用甘薯优势区、西南加工用和鲜食用甘薯优势区、长江中下游食品加工用和鲜食用甘薯优势区、南方鲜食用和食品加工用甘薯优势区。

图42　甘薯产业技术体系"北纬47°"拓展试验（新疆）

第一节 甘薯传统种植区划

一、北方春薯区

1.区域范围 本区为斜跨华北、东北和西北边缘的一条狭长地带，包括辽宁、吉林、北京等省（直辖市），黑龙江省中南部，河北省保定以北，陕西省秦岭以北到榆林地区、山西、宁夏的南部和甘肃东南地区。本区中黑龙江是我国纬度最高的一个省，一般不适合甘薯生长，若充分利用一些有利自然因素和合理的栽培措施，也能种植成功（图43）。例如，原克山马铃薯研究所（北纬48°左右），试种北京553鲜薯产量为亩产1 517千克。

图43 北方薯区大面积地膜覆盖种植

2.气候条件 本区属温带和寒温带，湿润和半湿润的气候。全年无霜期除黑龙江省、吉林省为120～130天外，其他地区无霜期为150～210天（平均170天），年平均气温8～13℃（平均10.5℃），辽宁及关内所属地区，6—8月平均气温在20℃以上。全年日照时数为2 000～2 900小时（平均2 690小时）；日照百分率为45%～66%（平均61%），年降水量为450～750毫米（平均600毫米），但雨水分布不均，多集中在7～8月，春、秋季节常受干旱威胁。

3.土壤条件 黑龙江与吉林两省的甘薯多种植在暗棕壤上。辽宁的辽河流域及西部地区属草甸土，东南部属棕壤，为河流冲积土，土质疏松，地势平坦，灌溉条件好。河北省长城以北属山地棕壤，土地坡度大，水土冲刷较重，西南部为褐土，陕西和山西薯区的土壤以褐土、绵土为主，土壤耕性较好。

4.栽培制度 本区为一年一熟，以春薯为主，南部有少量夏薯栽培，主要用作留种；甘薯一般5月中、下旬种植，9月下旬至

10月初收获，生长期130天左右，亩产量一般1 500～2 000千克。

5．**生产特点与种植技术建议** 本区夏短冬长，虽然甘薯生长期较短，但夏季雨水较多，秋季凉爽昼夜温差较大，日照充足，是甘薯栽培的有利条件。生产上要求选用优质早熟丰产品种，采用加温育苗争取适期早栽，对甘薯增产较为有利。本区低温时间较长（约6个月），11月至次年的3月，平均气温在5℃以下，因此，做好贮藏期的保温防寒工作，是保证薯块安全越冬的重要措施，同时还要注意贮藏期的黑斑病防控，主要是以春薯留种为主的地区，更需特别重视。本区甘薯种植的主要用途为鲜食用，一般年份生产量不能满足需要。

二、黄淮流域春夏薯区

1．**区域范围** 本区沿秦岭向东，北线顺太行东麓至河北保定、天津到辽宁大连；南线进河南沿淮河向东至苏北灌溉总渠。包括山东全省，山西南部，江苏、安徽、河南的淮河以北，陕西秦岭以南以及甘肃武都地区。本区甘薯分布较广。

2．**气候条件** 本区属季风暖温带半湿润气候，全年无霜期180～250天（平均210天），年平均气温11～15℃（平均13.8℃），5—9月平均气温20℃以上，7—8月平均气温25℃以上。全年日照时数为1 780～3 100小时（平均2 370小时）；全年日照百分率为46%～70%（平均53.0%），年降水量为480～1 100毫米（平均760毫米），东部偏多，西部偏少，雨量多集中在6—8月。

3．**土壤条件** 本区地处黄淮平原。土壤类型主要可分为三大片：贯串南北的一片是潮土，主要分布在沿黄河、海河流域，向南延展到淮河以北的广大地区；西南一片，从豫西到陕西秦岭以南的广大地区，属黄棕壤；东部一片，在山东黄河以南的大部分地区属棕壤。此外，在河北、山东少数地区还有部分褐土。

4．**栽培制度** 本区为二年三熟，甘薯种植分为春薯和夏薯，部分地区偏重一年一熟的春薯。春薯一般4月下旬至5月上中旬种植，10月上旬或下旬收获，生长期150～180天，亩产量一般2 000～3 000千克；夏薯一般于6月中下旬至7月上旬种植，10月中、下旬收获，生长期110～130天，亩产量一般2 000千克左右。

5. 生产特点与种植技术建议　本区甘薯多种植在平原旱薄地和丘陵山区，因此，改良土壤和科学施肥对甘薯增产十分重要。本区冬季有4个月以上的低温期，月平均气温在8℃以下，对鲜薯贮藏影响较大，要注意薯窖保温和贮藏期病害的防治。本区为我国甘薯种薯种苗生产集中区域，3—4月平均气温在15℃以下，应采用温室、大棚及覆盖地膜等增温和保温的育苗技术，通过采苗圃快速大量繁殖薯苗，可保证夏薯及时早栽壮苗，也是防病、增产的必要措施；建立无病留种制度，通过选用抗病品种，采用"三无"（无病种苗、无病采苗圃、无病留种地）留种措施，形成健康种苗生产体系。

三、长江中下游夏薯区

1. 区域范围　本区指青海省以外的整个长江流域，包括江苏、安徽、河南三省的淮河以南，陕西的南端，湖北、浙江全省，贵州的绝大部分，湖南、江西、云南三省的北部以及川西北高原除外的全部四川盆地地区。

2. 气候条件　本区属季风副热带北部的湿润气候，雨量较多，冬季有寒潮侵袭。全年无霜期225～310天（平均260天），年平均气温13～19℃（平均16.6℃），6—9月平均气温22℃以上，10月平均气温比黄淮夏薯区高2～3℃。全年日照时数为1 200～2 450小时（平均1 800小时）；全年日照百分率为27%～56%（平均41%），年降水量为780～1 800毫米（平均1 240毫米）。雨量分布，东部降雨集中于春夏两季，西部集中于夏秋两季。本区气候与其他薯区有所不同，总辐射量、日照时数和日照率，在南北各薯区中属最低的地带。这可能受四川盆地和长江中下游河流多，蒸发量大，云雾多的影响。

3. **土壤条件**　本区甘薯多分布于丘陵山地，土壤以红壤、黄壤为主，淮河以南及武汉以西有一片水稻土，四川盆地为紫色土。丘陵山地土层较浅，在高温多雨影响下，土壤易受冲刷，有机质较缺乏，施肥后肥料容易流失，肥效较差。

4. **栽培制度**　主要是麦、薯两熟制，但在云贵高原和川西高原也有一年种一熟春薯的。夏薯一般4月下旬至6月中、下旬种植，10月下旬至11月中旬收获，生长期140～170天，亩产量一般1 500～2 500千克。

5. **生产特点与种植建议**　注重科学施用肥料和改进施肥技术，是本区甘薯增产的关键（图44）。露地育苗在本区占比较大，要注意在早春育苗时采用塑料大棚，地膜覆盖等增温和保温措施；甘薯黑斑病是本区的主要病害，近年来由于南病北移，在浙江南部和重庆万州发生了甘薯蚁象危害，应予高度重视。

图44　山坡丘陵甘薯种植

四、南方夏秋薯区

1. **区域范围**　本区是位于北回归线以北的狭长地带，包括福建、江西、湖南三省的南部，广东、广西的北部，云南省中部和贵州省南部的一小部分以及台湾省嘉义（靠近北回归线）以北的地区。

2. **气候条件**　本区属季风副热带中部和南部的湿润气候。全年无霜期290～350天（平均310天），年平均气温18～23℃（平均20℃），8—10月平均气温25℃左右，11月平均气温为12～18℃。全年日照时数为1 500～2 140小时（平均1 870小时）；全年日照百分率为34%～48%（平均42%），年降水量为

960 ～ 2 690毫米（平均1 570毫米）。

3.土壤条件　本区甘薯多分布在红壤、黄壤和赤红壤的丘陵山地，这类土壤属酸性，且较瘠薄，需要注意增施有机质肥料、种植绿肥与合理耕作，以利土壤肥力的提高；部分甘薯分布于实行稻、薯两熟制秋薯生产的水稻土。

4.栽培制度　北部地区栽培制度以麦、薯两熟为主，南部地区则以大豆、花生、早稻等早秋作物与甘薯轮作的一年两熟制为主。本区麦茬夏薯一般在5月中旬至6月上旬种植，8—10月收获；水田或旱地秋薯，一般于7月上旬至8月上旬种植，11月下旬至12月上旬收获（或延至次年1月收获）。生长期120 ～ 150天，初霜期在12月上中旬，亩产量一般1 500 ～ 2 500千克。

5.生产特点与种植技术建议　本区9—10月降水量较少，此时正是秋薯的生长前期，且气温高水分散失快，故秋薯前期的抗旱保苗显得非常重要。同时，夏、秋薯要合理配置品种和采取相应的栽培措施。夏薯应选用早熟（或中熟）、耐湿、耐热的品种；秋薯宜用早熟、耐低温的品种，力争早栽；晚栽的秋薯必须采取以"促"为主的相应措施，以夺取高产。同时，还要注意本区的主要病虫害的危害和防治，如黑斑病、甘薯瘟病、蔓割病、甘薯蚁象等。

五、南方秋冬薯区

1.区域范围　本区是位于北回归线以南的沿海陆地和岛屿，包括广东、广西、云南省（自治区）的南部，台湾省南部、海南省和南海诸岛。本区甘薯主要产地分布在广东省湛江、汕头和海南省；广西的钦州以及南宁、玉林地区的部分县；云南省的思茅地区；台湾省的台南、屏东、高雄地区。

2.气候条件　本区属热带季风湿润气候。全年无霜期325 ～ 365天（平均356天），年平均气温18 ～ 25℃（平均22.4℃），热季长达8 ～ 10个月，是全国气温日较差最小的地区（气温日较差5 ～ 8℃）。全年日照时数为1 830 ～ 2 160小时（平均2 080小时）；全年日照百分率为42%～49%（平均47%），年降水量为1 510～2 060毫米（平均1 730毫米）。本区的气候特点是夏季高温，日夜温差小，不利于甘薯生长；秋冬温暖，对秋冬薯栽培比较有利。本区的另一特点是冬季寒潮的侵袭也较频繁，除海南省少数县未曾出现过霜冻外，其他地区常有不同程度的霜冻为害。

3.**土壤条件**　本区台湾省土壤条件比较复杂，其他省区多属赤红壤和少量砖红壤。由于本区高温多雨，丘陵山地土壤易遭冲刷，有机质也较缺乏，肥料分解快，且易流失。

4.**栽培制度**　由于本区甘薯四季均可生长，因而栽培制度比较复杂，旱地薯与水田薯都能实行一年两熟或一年三熟制。主要种植的是秋薯和冬薯，秋薯又有水田薯和旱地薯两种。水田秋薯在7月中旬至8月中旬栽插，旱地秋薯7月上旬至8月上旬栽插，11月上旬至12月下旬收获，生长期120～150天。越冬栽培的秋薯多延迟至次年春季收获变成冬薯。一般冬薯在11月栽插，次年4—5月收获，生长期170～200天。亩产量一般1 500～2 500千克。

5.**生产特点与种植技术建议**　本区宜采用多次追肥来满足甘薯生长期中对养分的需要。由于水田薯栽后一个月后，即转入旱季，在这些地区应注意选用抗旱、耐瘠薄和耐粗放栽培的品种。甘薯瘟病、黑斑病、病毒病、蔓割病、蚁象等是本区的主要病虫害，应给予高度重视。特别是本区气候温暖，很多地方习惯利用老蔓代替薯块育苗，然后再栽插于大田中（图45），长此以往，导致了病虫害的蔓延、品质和产量的降低，因此，加强病虫害的综合防控工作，比其他薯区更为重要。

图45　南方秋冬薯区边收获边栽种

六、西北春薯区

1.**区域范围**　该区主要指位于祖国西北边陲的新疆维吾

尔自治区，从地处天山北麓准噶尔盆地南缘的乌鲁木齐（北纬42°45′）到阿勒泰山脉西南麓准噶尔盆地北沿的布尔津县（北纬47°22′～49°11′）。

2.气候条件　本区属于中温带大陆干旱气候区。北疆年积温2 800～3 100℃，日照时数为2 700～3 000小时，阳光充足，热量资源比较丰富；早春气温回升快，昼夜温差大，全年无霜期为120～180天；6—8月平均气温在20℃以上。年平均降水量不足200毫米，空气湿度小，蒸发量大，年平均蒸发量达3 000毫米以上；本区深处大陆腹地，远离海洋。气候干燥，降水量少，昼夜温差大，春天来得迟，春雨占全年降水的40%左右，对春播及旱地作物十分有利；9月下旬以后，冷空气频频袭来，气温下降迅速。10月昼夜温差增大。民谣"早穿皮袄午穿纱，围着火炉吃西瓜"，这是对此时深秋气候的生动写照。冬季长而严寒，夏季短而炎热，四季分配不均。

3.土壤条件　本区主要耕作土壤为灌耕棕钙土、灌耕灰漠土、盐化灰淡漠土、灌耕草甸土等，适合优质食用甘薯种植。

4.耕作制度　新疆是以灌溉农业为主的农业生产区。其耕地面积达到5 000万亩，有效灌溉面积3 000万亩。栽培制度为一年一熟，甘薯种植以春薯为主。此区甘薯一般5月中上旬种植，9月下旬至10月初收获，生长期120～140天，亩产量一般2 000千克左右。

5.生产特点与种植技术建议　本区夏短冬长，甘薯生长期较短，但夏季昼夜温差较大，日照充足，是甘薯栽培的有利条件。要求选用早熟丰产品种，加温育苗争取适期早栽。本区低温时间较长（约5个月），做好贮藏期的保温防寒工作，保证薯块安全越冬，同时还要注意贮藏期的黑斑病防控；引种时特别注意甘薯病毒病、茎线虫病等病害的传播。2013年国家甘薯产业技术体系在从没有种植甘薯历史的阿勒泰地区布尔津县窝依莫克乡（北纬47°48′58″东经86°47′55″）首次种植甘薯成功。

传统薯区划分以生态区划为主，表述较为繁琐，一般按生产种植趋同，品种繁育区试等常又以北方薯区、长江中下游薯区、南方薯区进行表述。其中北方薯区指北方春薯区、西北春薯区及黄淮流域春夏薯区淮河以北部分，暨位于淮河以北至北纬45°之间，主要包括北京、河北、山西、山东、河南、陕西等省（市）和江苏、安徽北部，以及吉林、辽宁南部地区。长江中下游薯区指长江中下游夏薯区，黄淮流域春夏薯区淮河以南部分地区，主要为沿长江两岸的丘陵山地，包括四川、重庆、贵州、湖北、湖南、江西、浙江等省（市），以及云南北部、安徽和江苏南部地区。南方薯区指南方夏秋薯区和南方秋冬薯区。为方便表述，第二、三分册皆用北方薯区、长江中下游薯区和南方薯区的分区进行撰写。

第二节　甘薯种植优势区域规划

一、北方淀粉用和鲜食用甘薯优势区

1. **区域特点**　本区域主要包括淮河以北黄河流域的省份，涉及北京、山东、河南、河北、山西、陕西、安徽等地。本区属季风性气候，年平均气温8～15℃，无霜期150～250天，日照率为45%～70%，年降水量450～1 100毫米，土壤为潮土或棕壤，土层深厚，大部分地区较适合机械化耕作，以种植春薯和夏薯为主。本区种植面积达1 100万亩左右，平均亩产为1 650千克。

本区淀粉用甘薯种植和加工集中度高，鲜食用甘薯生产区位优势强。淀粉用甘薯生产主要集中在山东丘陵和淮河以北的平原旱地。山东省主要集中在山东中部、沂蒙山区和胶东丘陵地区，河北省主要种植在燕山南麓，河南省主要集中在南部和西部的丘陵山区，安徽省主要集中在黄淮平原最南段的淮河两岸，山西主要集中在山岭旱垣地带，陕西主要位于关中东部山地。淀粉用甘薯种植面积较大的地区，一般淀粉加工业相对集中，如全国最著名的淀粉加工企业山东柳絮食品公司和河南天豫集团。

北方区鲜薯用甘薯种植主要发挥其区位优势，或处于大城市郊区，或位于交通要道沿线。北京市大兴区位于北京市区南部，山东省的长清区和平阴县位于济南城郊，陕西临潼区靠近西安市区，安徽明光市靠近南京上海，河南甘薯主产区位于陇海铁路和焦柳铁路沿线，山西的洪洞县和闻喜县有同蒲铁路通过，鲜食用甘薯主产区的区位和交通优势明显。

2. 目标定位　以市场为导向，建设甘薯优势产业带，提升甘薯的综合生产能力，发挥其比较优势，构建完善的产业链条。本区是淀粉加工专用和鲜食用甘薯生产的优势区域。发挥国内国外两个市场的优势，除满足国内淀粉加工、食品的原料需求外，精深加工产品也出口到日本、韩国、东南亚等国家。

稳定甘薯种植面积，淀粉加工型甘薯适当集中规模化种植，发挥龙头加工企业的引导作用，提高订单种植面积比例，力争达到20%以上，加工转化率提高到20%以上（图46）。平均亩产1 750千克，到2020—2025年，甘薯种植面积继续保持

图46　淀粉加工厂

稳定，鲜食甘薯种植比例适当，平均亩产达2 000千克，淀粉型甘薯种植订单面积占30%以上，加工转化率提高到35%以上。

3. 主攻方向　选育和推广抗病淀粉加工专用型品种、早中晚熟鲜食品种配套，建立原料薯基地，实行规模化和标准化生产。整合脱毒快繁中心、种薯标准化生产基地和检验检测体系，提高种薯供应能力和质量。大力发展平原旱地和丘陵山地机械化生产，提高生产效率。建立病虫害发生流行的预测预报，严格执行产地检疫，防止检疫性病虫害的扩散和传播。依托企业和种植合作社建设大中型控温贮藏库，增加贮藏能力，降低贮藏损失，延长商品薯供应周期，调节市场价格。开发专用品种集约配套轻简化栽培技术。

二、西南加工用和鲜食用甘薯优势区

1.区域特点 本区域包括四川、重庆、贵州、云南4省（直辖市）的甘薯主产区。本区地势复杂、海拔高度变化很大。气候的区域差异和垂直变化十分明显，年平均气温较高，无霜期长，雨量充沛，适合甘薯的生长，是传统的甘薯主产区，甘薯主栽区主要分布在海拔500～1500米的丘陵山区。据各省农业农村部门统计汇总，近年来该区甘薯种植面积1700万亩左右，平均亩产1500千克左右。

本区域土地资源丰富、适合种植甘薯的荒山坡地面积较大，增加甘薯生产面积的潜力大，但普遍栽培管理粗放，专用品种推广应用较为迟缓，所占比例不大，单产不高，商品薯率较低；种薯扩繁主要采用农户自繁自育的方式，缺乏种薯质量控制体系，种薯质量低；丘陵山地的地形和地块分散限制了农业机械的应用，也增加了甘薯产品的运输成本；病虫害主要以地下害虫、黑斑病、病毒病为主，近年来复合侵染的甘薯病毒病（SPVD）个别地区发生，点片危害严重；引种程序不规范，导致极少地区发生检疫性虫害甘薯小象甲和疑似线虫病等。在加工利用方面，本区域的中小型淀粉与粉条加工企业数量多，其中四川省和重庆市的淀粉、快餐粉丝及甘薯全粉加工企业的技术水平与产值较高。本区以加工用和鲜食用甘薯生产为主的优势区域。适合高淀粉甘薯、紫色甘薯、优质鲜食甘薯以及叶菜用甘薯等多种类型甘薯品种的栽培。

2.目标定位 发挥比较优势，扬长避短，构建新型产业发展模式。提高食品和发酵类产品加工技术水平；提高机械化种植和病虫害统防统治水平。加强国际市场的开发力度；建立比较完善良种繁育推广和脱毒种薯种苗生产体系。

本区以加工专用薯、鲜食用薯和优质种薯为主导的甘薯生产优势区。近年来甘薯种植面积已有缩减，平均亩产达1600千克，其中标准化专用甘薯基地500万亩，专用薯面积和订单面积分别占15%和10%以上，加工转化率达15%以上，脱毒种薯推广比例由不到10%提高到15%以上。2020—2025年，甘薯种植面积稳定在1 600万亩左右，平均亩产达1 700千克，专用薯面积和订单面积分别占20%和15%以上，加工专用薯满足本区域内原料需求，加工转化率达20%以上，脱毒种薯推广比例提高到20%以上。

3. 主攻方向　本区域甘薯产业发展要逐步向加工专用和优质、高产、高效的方向发展，形成以规模化种植、安全性贮藏、深层次加工和市场化营销的生产经营体系和以加工企业为龙头的产业发展链条。适当开发利用荒山坡地，采取增、间、套种，推广新型高效种植模式，稳定甘薯种植面积。选育和推广高产优质加工用和食用型品种、集成与示范实用配套增产技术，大幅度提高甘薯单产水平与商品薯质量，确保增产增收。完善甘薯良繁体系和质量控制体系，提高种薯质量与生产能力。严格执行产地检疫制度，防止检疫性病虫害的扩散。推广和改良简易种薯与商品薯贮藏库，增加优质商品薯与健康种薯的贮藏和供应能力。在主产区建立加工甘薯和鲜食甘薯周年生产基地，保证企业原料与市场的周年生产供应。

三、长江中下游食品加工用和鲜食用甘薯优势区

1. 区域特点　长江中下游薯区主要包括湖北、湖南、江西、安徽南部、江苏南部、浙江等6省市的地区。雨量充沛，无霜期较长，日照时数较低，甘薯多分布于红壤、黄壤为主的丘陵山地。该区甘薯种植面积1 500万亩左右，平均亩产1 550千克。

本区经济较为发达，交通便利，大中城市较为集中，随着人们生活水平的提高，对健康食品的需求增加，甘薯饲用比例减少，休闲食品快速增长，鲜食、菜用比例逐渐增加。产品加工方面，淀粉类等传统加工产业多年来数量并未减少，但在整个产业中的比例在缩减，新型规模型企业主要以全粉、休闲食

品为主，并开始占据主导地位，产品多样化趋势日益明显。甘薯品种种植方面，淀粉类品种仍占主导，鲜食型品种次之，紫色薯、菜用薯逐渐增加。栽培方式，单作、间套作、轮作均有种植，薯-薯连作，薯/玉套作，林－薯间套作等多种方式并存，既有适宜大型机械的平缓岗地，也有只适宜小型机械的山丘地。

2.**目标定位** 产业发展上，大力发展食品加工和鲜食甘薯生产，引导传统淀粉加工业向全粉加工过渡，控制传统"三粉"的适度规模，并开展以治污为主的技术改造，利用薯渣开发多种产品，延长产业链，增加附加值。品种布局上高干型品种占30%，食用型品种40%，紫色薯品种20%，菜用型品种10%。栽培技术上以机械化、轻简化为主要目标。

近年来，本区以食品加工专用薯、鲜食用薯和优质种薯为主导的甘薯生产优势区。甘薯种植面积已调整至1 400万亩左右，平均亩产达1 650千克，脱毒种薯推广比例提高到20%左右。初步建立甘薯市场信息体系和销售网络。2020—2025年，甘薯种植面积继续稳定在1 800万亩左右，平均亩产达1 750千克，脱毒种薯推广比例提高到25%左右，食品加工占比显著提高，功能保健食品开发初具规模。不断完善甘薯市场信息体系和销售网络，建立不同类型的原料集散地。

3.**主攻方向** 强化休闲食品研发，力求产品多样化；鲜薯贮存保鲜，强化适度规模，形成区域集散效应；传统加工，加强去污研究，实现全方位的无污染改造，同时强化薯渣等副产品利用技术研究，以延伸产业链、增加附加值为主攻方向。

以选育优质、多抗、高产、特色品种为基础，尽快实现种薯（苗）标准化生产、脱毒后上市，并推进准入机制的建立，提高种薯质量，保证种薯供给。以加强机械化、轻简化栽培技术研究为主体，以中、小型机械的推广示范为核心，实现栽培技术改革。加强不同区域病虫害传播监控，严格控制暴发性病害发生。种植规模应在充分尊重地域生态的前提下，提倡规模化、标准化，建立以适应工业化生产需求的原料基地。

四、南方鲜食用和食品加工用甘薯优势区

1.区域特点　南方薯区包括南方夏秋薯区和南方秋冬薯区两大生态区。包括广东、广西、福建、云南、海南、台湾、湖南、贵州以及江西南部等区域，南方秋冬薯区且具有一年四季均可种植的特殊气候条件，广东省和福建省的种植面积更是水稻之后排位第二位的作物。本区甘薯的种植面积1 300万亩左右，平均亩产1 450千克。

本区经济发展水平和生产水平差异较大，甘薯是本区脱贫致富、增加农民收入的重要作物，历史上甘薯生产以鲜食为主、食品加工为辅。其中南方夏秋薯区以秋薯（秋植冬收）面积较大，南方秋冬薯区以冬薯（冬植春收）面积较大，甘薯除供应本区和国内部分地区食用外，还有较大比例的产品销往中国香港、中国澳门、东南亚以及北美等地区。"连城地瓜干"是区内传统优势产品，在国内和国际上均有较大的影响力，海南鲜食甘薯以优质闻名全国（图47）。甘薯在南方薯区具有非常重要的地位，并形成以鲜薯为主、加工利用为辅的主导产业模式。

图47　甘薯薯干加工产品

2.目标定位　发挥地理和气候条件优势，分别建成闽南到广东的粤东、粤西以及广西防城港、北海以及海南岛等沿海地区鲜食甘薯产业优势带和闽西北以及广西和广东的丘陵山区副食品加工优势区域。提高鲜食甘薯的品质，扩大优质鲜食甘薯的品牌影响力，提高休闲加工产品的档次；建立甘薯健康种薯种苗繁育基地，逐步改变薯苗连年使用的习惯；建成我国优质食用商品薯出口基地，增加出口量和出口额。

近年来本区优质鲜食用薯种植面积扩大10%，种植效益不

断提高，平均亩产达1600千克，健康种薯推广使用比例达到
10%以上；鲜食甘薯和副食加工产品出口量增加20%。建成较
为完善的甘薯市场信息和销售网络，病虫害绿色防控技术基本
普及。2020—2025年，甘薯种植面积略有增加，稳定在1400万
亩左右，平均亩产达1700千克，加工转化率达15%以上，健康
种薯推广应用比例提高到20%以上。

3. **主攻方向** 根据鲜食型市场对品种的品质与多样性的要
求，选育和推广高产优质专用和食用型品种及其实用配套增产
技术，以保证甘薯单产水平而实现较高的收益。休闲食品向保
健化、功能化方向发展。建立安全的病虫害（尤其是蚁象）的
综合防治与预测预报系统。建立和完善健康种苗繁育基地，推
广脱毒甘薯良种繁育体系。建立鲜食和加工甘薯周年生产基地，
保证周年生产供应。推广和改良简易种薯贮藏库与产品短期贮
藏库，增加优质健康种薯和产品的贮藏与周年供应能力。

（贺娟　唐君　马代夫　等）

主要参考文献

戴起伟,钮福祥,孙健,等,2016.中国甘薯加工产业发展现状与趋势分析[J].
　　农业展望(4)：27-34

江苏省农业科学院,山东省农业科学院,1984.中国甘薯栽培学[M].上海：上
　　海科学技术出版社.

马代夫,李强,曹清河,等,2012.中国甘薯产业及产业技术的发展与展望
　　[J].江苏农业学报,28(5)：969－973.

农业部科技教育司,财政部教科文司,2018.中国农业产业技术发展报告
　　[M].北京.中国农业出版社.

中国农业年鉴委员会,1997-2017.中国农业年鉴[M].北京：中国农业出版社.